有趣的地底

图解神秘的地下世界

李静 · 编著

野作插画 · 绘

俞天石 · 审

电子工业出版社

Publishing House of Electronics Industry

北京 · BEIJING

读 者 服 务

读者在阅读本书的过程中如果遇到问题，可以关注"有艺"公众号，通过公众号中的"读者反馈"功能与我们取得联系。此外，通过关注"有艺"公众号，您还可以获取艺术教程、艺术素材、新书资讯、书单推荐、优惠活动等相关信息。

投稿、团购合作：请发邮件至art@phei.com.cn。

扫一扫关注"有艺"

图书在版编目（CIP）数据

有趣的地底：图解神秘的地下世界 / 李静编著；野作插画绘. —北京：电子工业出版社，2023.9 (2024.3重印)

ISBN 978-7-121-46244-3

Ⅰ. ①有… Ⅱ. ①李… ②野… Ⅲ. ①地下—普及读物 Ⅳ. ①P183-49

中国国家版本馆CIP数据核字（2023）第163160号

责任编辑：高　鹏

印　　刷：天津善印科技有限公司

装　　订：天津善印科技有限公司

出版发行：电子工业出版社

　　　　　北京市海淀区万寿路173信箱　　　　邮编：100036

开　　本：787×1092　　1/16　　印张：5.5　　字数：123.2千字

版　　次：2023年9月第1版

印　　次：2024年3月天津第2次印刷

定　　价：69.00元

凡所购买电子工业出版社图书有缺损问题，请向购买书店调换。若书店售缺，请与本社发行部联系，联系及邮购电话：（010）88254888，88258888。

质量投诉请发邮件至zlts@phei.com.cn，盗版侵权举报请发邮件至dbqq@phei.com.cn。

本书咨询联系方式：（010）88254161～88254167转1897。

地球，我们的母星。

　　它孕育了无数的生命，而当生命走向终结，又将回归大地。我们要研究这些生命，探索生命的起源，就得向地下寻找答案。

　　人类在这颗星球上繁衍生息，历经了一代又一代，创造了不同的文明。我们要研究这些文明，就得将目光转向地下，去探索那些埋藏在地底深处的遗迹。

　　除了向地下去探索生命的起源和历史，我们还可以通过研究不同的地质，找到适合人类利用的能源，去地下建造适合人类生存的空间。

　　地下世界丰富多彩，但也静默如谜，我们只有深入了解了这颗星球，才能更好地生活在这颗星球上。

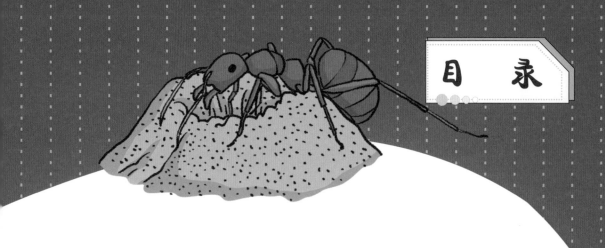

目 录

第一章 地下的动物

那些地下的坑洞

细心观察，你就会发现，在公园的花坛边、房屋的墙角处、道路两旁的景观树下……会有一个个的小坑、小洞。它们分布均匀，小的洞口如黄豆，大的洞口如拳头，更大的洞口犹如脸盆。这些到底是什么动物的坑洞呢？

鼹鼠的洞

鼹鼠的洞

鼹鼠是一种很奇怪的动物，它们几乎一生都生活在地下。鼹鼠可是动物界的"大胃王"，一天要吃掉重量为自身体重2～3倍的食物。它们喜欢的食物是昆虫的幼虫、植物的根和块茎等，这些食物很容易在地下获得，所以鼹鼠总是不停地在地下挖隧道。鼹鼠在挖隧道时，泥土不断地被它们刨出，堆积在地面就成了一个个小土堆。

母鸡的坑

母鸡（鸡妈妈）的坑并不像鼹鼠的洞那样深。你仔细观察就能发现，当母鸡要抱窝的时候，会找一处安全的地方挖好坑。鸡妈妈就是通过"蹲"在坑里，用自己的体温来孵化鸡蛋的。当小鸡成功破壳之后，鸡妈妈还会刨土找虫子喂给小鸡吃。而不孵小鸡时，母鸡挖坑则是为了做沙浴，以清除身体上的寄生虫。

母鸡的坑

蚂蚁的洞

温暖潮湿的土壤是蚂蚁的最爱。蚁穴的入口是一个个拱起的小土丘，它们堆砌起来，连成一片。耐心观察的话，你就能看到一只只勤劳的蚂蚁将食物往洞口搬运。

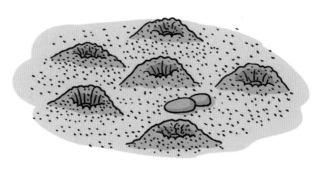

蚂蚁的洞

恐龙的挖掘技术哪家强

一个几千万年前的地下洞穴被古生物学家发现了，该洞穴位于美国西北部的蒙大拿州。在这个洞穴的最深处，静静地躺着三具恐龙骨骼化石，经过古生物学家确认，这些化石都属于掘奔龙。

掘奔龙是第一种被证实有穴居行为的恐龙。这个洞穴长约为 2 米，直径约为 70 厘米，就像一条弯曲的"蛇形"隧道。在每一个拐弯处，还有两条小小的迷你隧道。不过这两条小隧道却很窄，直径只有几厘米。

恐龙的洞

蚂蚁住在哪里

蚂蚁是一种经常被我们忽略的小昆虫。它们隐藏在花坛里、草丛中，因为体形非常小，所以很有可能被我们不小心踩到。

世界上已知的蚂蚁有上万种，而我国至少有几百种。蚂蚁通常生活在地下洞穴中，我们常常把它们的洞穴称为"蚂蚁窝"。

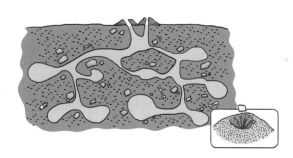

你见过蚂蚁搬家吗？它们总是将食物顶在头上，依次搬到洞穴中，它们的洞穴又是什么样子的呢？

蚂蚁洞穴，就像一个王国，有自己的"国家制度"，规模自然是十分庞大的。蚁穴（蚂蚁洞穴）的中心位置是给蚁后住的，蚁后在蚂蚁群体中体形最大，它的腹部尤其大，因为它是负责生"小宝宝"的。蚁后可是蚂蚁家族的"女王"，它管理整个蚂蚁家族，不用出去工作。蚁穴的中心位置既牢固又安全，既舒服又方便，道路四通八达。

小黄家蚁：这种蚂蚁的体形很小，是生活中最常见的蚂蚁。在农家小院的厨房、封闭的阳台和墙壁缝隙都能见到它们的身影。它们会在阴暗的地方筑巢穴居，成群结队地出现。可也正因如此，它们的危害性是很大的，它们会啃食木头，给房屋造成损害。

大头蚁：这种蚂蚁是我国主要的危害蚁种之一。它们喜爱在室外的地基墙角筑巢，然后偷偷地进入屋子里偷食物。

臭蚁：它们既喜欢吃植物，又喜欢吃动物，最喜欢吃的是蚜、蚧等分泌的蜜露。它们喜欢在树干或树根部筑巢，其蚁穴很深，能够从树干、树根直达地下。

洛氏路舍蚁：我们经常在路边见到的蚂蚁是洛氏路舍蚁。这种蚂蚁在我国分布较广，在路边、墙角、墙缝中都能看到它们的身影。它们的身体是褐黄色的，触角和足是黄色的，头和胸部都有细密的竖着的条纹。

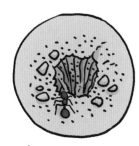

针毛收获蚁：这类蚂蚁的身长为 5 ～ 10 毫米。它们能把蚁穴筑在地下约 5 米深的地方，并把收集到的食物存放在洞里，是不是特别厉害呢？

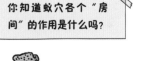

你知道蚁穴各个"房间"的作用是什么吗？

科学家们为了了解地下的蚁穴是什么样子的，在确保蚁穴已经空了之后，将石膏或融化的铝液灌进去，等到石膏或铝液变硬后，再将其挖出来。令人十分惊讶的是，有的蚁穴的深度竟然超过了人的身高，其有一条主通道，旁边就是具备各种功能的"房间"。

有些蚂蚁的蚁穴不是纵向的，它们像人类建筑的"城堡"一样，呈圆形。大一点儿的蚁穴能够达到几平方米。

"城堡"的内部结构很复杂，各种环形的道路，纵横交错。工蚁们把沙子和黏土垒起来，用自己的唾液将它们黏合在一起。等干了以后，这种"混凝土"就会变得极其结实。

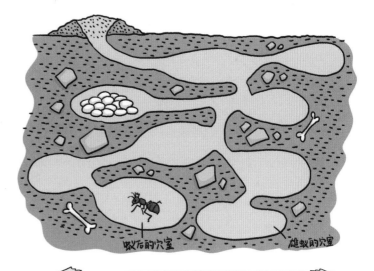

蚁后的穴室　　　　　　雄蚁的穴室

查一查，看看哪些种类的蚂蚁的蚁穴是"城堡"状的？

离不开土壤的蚯蚓

在田间地头潮湿的土壤里，有一种软软的没有脊椎的动物。它们扭动着身体，对抗着土壤的压力，在夹缝中建造自己的家。它们既是珍贵的中药药材，又是高蛋白的食品和饲料。

它们是谁？它们就是蚯蚓。

同样是在土里打洞，和鼹鼠不同的是，蚯蚓的打洞行为是有益于农作物生长的。

这是为什么呢？原来蚯蚓会挖洞、松土，它们以土壤中的腐烂植物和其他有机物作为食物，再排出优质的粪便化作土壤的肥料。有蚯蚓在的地方，土壤就能变得疏松，这样有利于农作物的根系生长。

在世界上许多地方，我们都能见到蚯蚓，但海洋除外。喜欢潮湿土壤的蚯蚓，在干旱地区被发现的概率也很低，所以如果你去沙漠的话，那大概率是见不到蚯蚓的！

蚯蚓的身体柔软，没有骨骼和爪子，但它们拥有刚毛。刚毛是动物身上较硬的毛。蚯蚓就是依靠自己的肌肉和身体表面的刚毛，不断地蠕动身体，才能往前移动的。在这个过程中，蚯蚓一边挖土一边吃掉土壤中的腐物、线虫、真菌等，可以说挖洞、吃饭两不误。

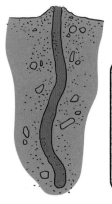

小贴士

蚯蚓的生存离不开土壤，但它们并不只是在地下做简单的挖掘工作，而是执着于向下挖坚固的洞穴，有的蚯蚓洞的深度会超过一米，是不是很厉害呢？

即便在松软的土壤中，蚯蚓洞都不会坍塌，因为蚯蚓会分泌固化土壤的物质。

每一个蚯蚓洞的土壤表面都会有粪堆。蚯蚓还会挖掘用于产卵的侧洞，侧洞往往位于主洞的旁边。

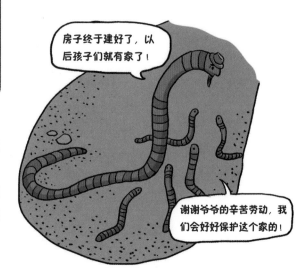

房子终于建好了，以后孩子们就有家了！

谢谢爷爷的辛苦劳动，我们会好好保护这个家的！

不同品种的蚯蚓能够存活的时间不同，但蚯蚓洞的使用时间远远超过蚯蚓一生的时间。可以说每一个蚯蚓洞都是一个"老宅"，它们或许已经经历了几代蚯蚓，成为某个蚯蚓家族的"祖屋"。

鼹鼠鼹鼠在哪里

鼹鼠，是一种穴居动物，也是一种经常生活在地下的动物。它们的体形矮小，毛是黑褐色的，嘴巴很尖，头紧连肩膀，看不到脖子。

鼹鼠的前肢十分发达，脚掌向外翻，像两把小小的铲子。它们总是用前爪掘土挖洞，而后肢则相对比较细小。

鼹鼠白天是不出门的，它们生活在地下的洞穴中。等到夜幕降临，一只只鼹鼠小心翼翼地跑出洞穴，捕食昆虫的幼虫或挖掘植物的根茎。

因为常年生活在地下，鼹鼠的眼睛慢慢退化了，变得非常小，视力也很弱，可以说鼹鼠是超级"近视眼"。它们只对光线的明暗有感知，几乎看不清任何东西。

然而，鼹鼠却拥有不同寻常的嗅觉，所以我们总能看见鼹鼠不断地动着鼻子，嗅着周围的气味，去辨别不同的食物。

鼹鼠通常生活在海拔 1500 米以下的地方，山间、草原、河谷、森林甚至农田附近，都能发现它们的踪迹。鼹鼠在亚洲、欧洲、北美洲等地区广泛分布。

我们来到广阔的田野上，可能会看到一个个土堆，这就是鼹鼠洞的洞口了。

鼹鼠是地下世界的"基建狂魔"，尤其擅长打隧道。它们的前爪将泥土往身后刨，挖得越深，泥土越多，这个时候该怎么办呢？鼹鼠会转过身，用头将这些泥土推到洞外。

鼹鼠的挖掘速度非常快，一小时能挖十几米呢。因为鼹鼠的挖掘技能太强大，又喜欢吃农作物的根茎，所以对农作物来说，鼹鼠是害兽。

鼹鼠的地下"宫殿"十分复杂，但功能相当完善。我们站在田野上，可以看到每个鼹鼠洞之间都有一定的距离，但其实这些洞在地下是相互连通的。

动物为什么要挖洞？
这是因为穴居动物要躲避大型肉食动物的攻击。另外，动物挖洞也是它们寻找和储藏食物的方式之一。地下洞穴的温度很稳定，不会受大风、暴晒等气候变化的影响。
想一想，除此之外还有什么其他原因呢？

在洞穴的两旁，鼹鼠会建造几个储藏室，用来储藏它们捕捉到的食物。在接近洞穴底部的位置，鼹鼠会将卧室和婴儿室建在这里，因为这里足够深也足够安全。

鼹鼠的卧室和婴儿室并非"家徒四壁"，鼹鼠会将树叶、枯草、苔藓等铺在里面。鼹鼠妈妈在这里迎接鼹鼠宝宝的诞生，也在这里哺育鼹鼠宝宝长大。

那么，鼹鼠的洞穴到底有多深呢？鼹鼠的洞穴最深处距离地面可以达到几十厘米。在靠近河岸的地方，鼹鼠还会在卧室的下方挖一条隧道直通河流，这条隧道可以在下雨时充当排水渠。怎么样，鼹鼠是不是很聪明呢？

大家要注意，鼹鼠的身上有很多寄生虫，如果你在野外见到它们，千万不要碰它们。

大洋彼岸的袋熊

　　袋熊是一种仅分布于澳大利亚的有袋动物，因为身材矮胖，腿又短，很少有人看出来它们和袋鼠一样，也有一个育儿袋，袋熊宝宝就是在这里受到袋熊妈妈的保护的。

　　世界上有 3 种袋熊：塔斯马尼亚袋熊、南毛鼻袋熊及北毛鼻袋熊。目前，前两种袋熊的野外生存数量还比较乐观，但北毛鼻袋熊已经极度濒危。

　　袋熊的脸长得像老鼠似的，但体形很像熊。成年的袋熊体长可以达到一米左右，体重能达到 35 千克。虽然肉眼很难分辨，但袋熊是有尾巴的哦！尽管袋熊看起来很笨重，行动也很缓慢，但袋熊在短距离内迅速奔跑时，速度可以达到 40 千米 / 时。

　　袋熊是大型的食草动物，它们的牙齿在不停地生长，所以要通过吃草、树皮和树根等来磨牙，以保持牙齿的长度。

　　袋熊的粪便呈立方体，这是为什么呢？因为它们的消化过程很长。研究人员测试了袋熊肠道的肌肉和组织层，发现了厚度和硬度不同的区域。

　　在袋熊体内，当肠道从消化物中吸收营养物质和水时，就会挤压消化物，多次不规则地收缩就形成了立方体的粪便。

> 想一想，袋熊和袋鼠都有"袋子"，它们有什么区别呢？

　　尽管塔斯马尼亚袋熊和南毛鼻袋熊数量可观，但很少有澳大利亚人看到过袋熊，因为它们居住在地下，白天几乎不出"家门"。

　　袋熊是比较擅长挖洞的穴居动物之一。它们的洞穴

可以达到十几米。洞穴的最深处就是卧室，里面铺满了草和树皮，这样袋熊在休息时会更加舒适。

　　袋熊的洞穴表面看起来各自独立，却在地下相互连通。

袋熊的挖洞技能非常高超，只要专心致志，袋熊能在半小时内挖出一吨泥土。袋熊的挖洞姿势也很特别，它的两个前爪交替工作，左挖一下，右挖一下，将土一点点刨向身后。

我会自己寻找食物，不给大家添麻烦！

在袋熊家族里，一般都是由最年长、最强壮的袋熊来挖洞的，而年轻袋熊想要得到居住的权利就必须辛苦劳作，来证明自己。

当野狗等动物攻击袋熊时，袋熊会堵在洞穴门口，转过身来，用背作为盾牌。袋熊的尾部覆盖着厚厚的硬皮，且尾巴很小，所以它们很难被抓住。

袋熊是十分善良的动物。在2019年，当澳大利亚发生森林火灾时，无数的小动物跑到袋熊的洞穴中躲避危险，而袋熊也并没有驱赶它们。一条条地下隧道成了生命通道，一个个小生命被袋熊的地下家园拯救。

袋熊和袋鼠都有育儿袋，它们都会把自己刚生下的幼崽放在育儿袋里。但袋熊的育儿袋跟袋鼠的育儿袋的开口方向不同，袋鼠的育儿袋是向上的，开口朝着脸，而袋熊的育儿袋的开口是朝着屁股的。

《山海经》里的犰狳

《山海经》以地理为基础，记录了古时中国的自然与人文。关于书中的内容，众说纷纭。有的人认为，古人因为信仰，在幻觉中会出现各种各样现实世界里不存在的东西，或者因为对一些自然之物缺乏了解，而把它们当作奇人异兽记载下来，这就是《山海经》中内容的来源。

然而，《山海经》中记载的一种动物，其描述很像已经在地球上生活了千万年的犰狳。不过，现存的犰狳与《山海经》中记载的那种动物的模样仍然有一些差异，也许它们拥有共同的祖先。

犰狳有一副厚厚的骨质甲，当它们受到威胁时，就会卷起自己的身子，用盔甲似的骨质甲保护自己。这样的犰狳，是不是跟刺猬有点儿像呢？

犰狳的爪子非常长，它们喜欢挖洞，也喜欢生活在地下。昆虫和植物是它们的食物，腐烂的动物尸体更是它们的最爱。巨型犰狳的身长能达到一米多，而稀有的粉红犰狳的身长则只有十几厘米。

犰狳有一对小耳朵和一张长尖的嘴，在一些身体部位，还长着稀稀疏疏的毛。

犰狳的洞穴有的是天然形成的，有的是犰狳自力更生挖掘而成的。犰狳的洞穴十分狭窄，呈现出圆圆的形状，直径有二十多厘米，深浅不一。

犰狳的洞穴通常会有几处分支，其中一个作为犰狳的卧室，会铺满树叶和干草。白天犰狳会在卧室里睡觉，晚上就是它们的觅食时间。

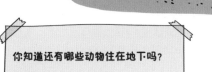

你知道还有哪些动物住在地下吗？

但是，犰狳是麻风杆菌的宿主，如果你前往犰狳生活的地方，那么千万不要靠近它们。

第二章 地下的植物

根——植物靠它征服陆地

在一段漫长的时间里，地球上的生物就只有低等的蓝细菌和藻类，它们有一个共同的特点——生活在水中。慢慢地，随着生物的演化，维管植物最先来到了陆地上，从此绿色铺满了大地。

原始维管植物看起来就是带有维管束的茎，没有根和叶。它们非常矮小，通常只有几厘米高。远古时代的地球，环境非常恶劣，维管植物为了适应环境，不断地演化，长出了一批新的"器官"，根就是其中一种。

大多数植物的根有一个特点，那就是向下生长。

根的出现，是植物演化中最重要的一环。可以说，如果没有根的出现，陆地上的植物不可能像现在这样多种多样。

藻类植物

那么，带根的植物是什么时候出现的呢？
科学家根据现有的化石证据，推测在距今 3、4 亿年前，才出现了带有根的植物。

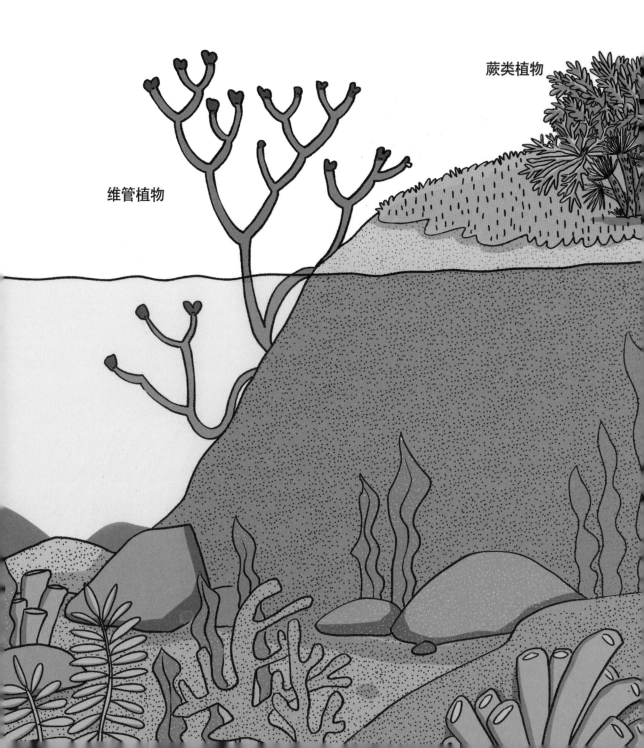

蕨类植物

维管植物

植物的根有多深、有多广

根，是植物吸收营养的器官，它们生长在地下，将植物牢牢地固定在地上，并且从地下吸收水分和营养物质，滋养着植物。

植物的根主要分为直根系、须根系两种。它们有什么不同呢？直根系的植物有一条粗壮的主根，从主根上生出侧根，这些侧根会向四周蔓延。须根系的植物则没有这条"主心骨"，各条根交叉生长。

直根系

须根系

直根系植物的根一旦扎入土壤之中，便会扎得很深，延伸的范围也非常广。比如木本植物的根系延伸直径可达十几米，常常超过树冠好几倍；草本植物如南瓜，其根系的延伸直径能达8米。

你知道吗？有些植物会在茎或叶上长出根，这种根叫作不定根。比如玉米就会长出不定根。

而树根在地下占据的空间和树枝在地上占据的空间几乎是一致的。

以银杏为例，银杏的主根粗壮，一般长 1.5 米以上。银杏的侧根也很发达，向侧方延伸的宽度一般可以长到树冠半径的 1.8 ~ 2.5 倍。比如山东省日照市莒县浮来山定林寺内的"天下银杏第一树"，就有"古根疑卧龙""放脚穿山峡"之美称。

银杏树出现在几亿年前，是非常古老的树木。它的树叶非常有特色，像两把绿色的小扇子结合在一起，每片树叶都有长柄。每当秋天到来时，银杏的树叶就会变成金黄色。深秋时，随着一阵阵风刮过，黄叶纷飞，别提有多美了。

银杏的果实叫银杏果，俗称白果，闻起来虽然臭臭的，但它是一种珍贵的中药食材。有些地方的人会用银杏果来熬汤，比如白果鸡汤。但是银杏果不能生吃，做熟的也不能多吃，因为它有一定的毒性，摄入过多会出现中毒的症状，如恶心、呕吐、头晕、惊厥等。

竹子和竹笋

有一种植物，从叶子到芽都是大熊猫的最爱。同时，它又是中国古代君子坚韧不拔、正直谦虚性格的象征，杜甫、郑燮、王维、苏轼都喜欢咏颂它。它就是竹子。

郑板桥原名叫郑燮，他是清代的书画家、文学家。他擅长画竹子、兰花和石头，代表作品有《清光留照图》等，著有《郑板桥集》等。

"咬定青山不放松，立根原在破岩中。千磨万击还坚劲，任尔东西南北风。"郑燮是一个非常喜欢竹子的人，他的这首代表作品《竹石》，将竹子刚毅的品质展现得淋漓尽致。

那么，竹子为什么能在狂风中屹立不倒呢？因为竹子是自然界中一种典型的、具有良好力学性能的生物体。其独特的根系也能使竹子被牢牢地固定在地上。

别看竹子一根根竖立在地表，它们的地下茎却是横向生长的，也可以称它们为竹鞭，因为它们看起来就像鞭子一样，一节一节地生长在地下。在竹鞭的每个小节侧面，长着许多不定根和芽。有的芽长成新鞭，在土壤中蔓延生长；有的芽发育成笋，出土长成竹子，然后逐渐发展成竹林。

竹鞭的生长速度很快，它不仅是竹子的繁殖器官，还是地上部分养分的供给枢纽。在土壤养分分布不均匀的情况下，养分贫乏部位上的竹笋，可通过竹鞭获得养分丰富部位的养分供给。

竹鞭是有寿命的，一般的竹鞭能生存 6～8 年，根系发达的毛竹竹鞭可以存活 10 年以上。老鞭干枯死亡后并不会腐烂，仍然保留在鞭体上。这时，新鞭又不断形成，它们会和老鞭、死亡的鞭一起共同构成竹子发达的根系。所以，当你身在竹林中时，看到的是满地的竹叶，而地下是竹鞭密布的世界。

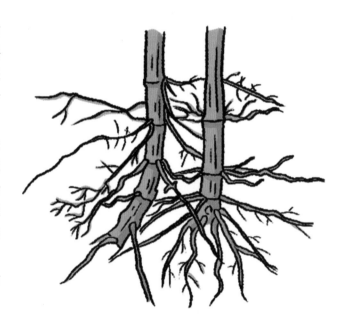

竹子原产于中国，主要分布在南方，如四川、重庆、湖南、浙江等地区。竹子的适应性强，加上它十分美丽，观赏性强，已经成为许多公园、庭院、动物园首选种植的植物。

目前，全世界有上千种竹子，分布在世界各地，但唯有中国人对竹子有特殊的感情。

仡佬族是我国的少数民族之一，这个民族的人们主要居住在贵州、云南、广西。仡佬族人认为自己的祖先是竹子，并创建了夜郎国，因此这个民族是最崇拜竹子的民族。仡佬族人居住的房屋、生活中的一些用具、桥梁等都是用竹子做的。

古人用"梅、兰、竹、菊"来形容君子，中国文人墨客根据竹子空心、挺直、四季青等生长特征，赋予了它们高雅、纯洁、虚心、有节、刚直等文化象征。苏轼曾在《於潜僧绿筠轩》中说"宁可食无肉，不可居无竹。无肉令人瘦，无竹令人俗"。杜甫曾发出"但令无剪伐，会见拂云长"的感叹。我们都向竹子学习吧，学习它的气节和坚韧，学习它的刚正和高洁。

小贴士

你知道大熊猫最爱吃的是哪种竹子吗？

在气候温暖湿润的地区，一场雨水过后，竹林里的"小精灵"——竹笋就会在一夜之间冒出头。

热爱竹笋的白居易还写下了名篇《食笋》："紫箨坼故锦，素肌擘新玉。每日遂加餐，经时不思肉。"看，有了竹笋，白居易连肉都不想吃了。这足以证明竹笋自古以来就受中国人的喜爱。

早在千年以前，竹笋就成了中国人餐桌上的食物。《诗经》有云："其蔌维何？维笋及蒲。"诗中描写了一个盛大的宴席场面，竹笋是用来招待贵宾的蔬菜。

那么，竹笋到底是怎么长出来的呢？

其实竹笋是竹鞭生的芽，当气候适宜之时，一些芽就会冲破土壤，钻出地面。所以，也可以说竹笋是竹子的幼茎。

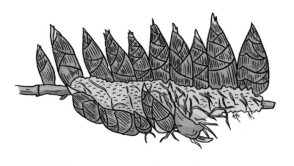

刚钻出泥土的竹笋外面包裹着几层笋壳，表面长满了细小的绒毛，如果你去挖笋，一定记得戴手套哦。

竹笋的生长速度非常快，有的竹笋只用半天时间，就能变成坚硬的竹子，此时便不能食用了。所以想要得到脆嫩可口的竹笋，需要和时间赛跑。艰苦的劳作后，我们才能得到最美味的食物。

竹笋分为春笋和冬笋。我们一听名字就能猜到这是两个季节的笋。春笋的生长速度很快，往往一场春雨过后就能收获一大筐笋。然而，冬笋却有所不同，因为气温降低，竹鞭不断生出的新芽只能躲在地下，这个时候想要找到笋，就需要有经验的笋农顺着竹鞭的走向，辨明笋的位置，将它们挖掘出来。

在竹笋的大家族里，毛竹笋是最重要的品种，它长得胖胖的。麻竹笋是一种香甜的竹笋，它个头大、肉质厚、味甘鲜脆、营养丰富，有"笋王"的美誉。带有苦味的竹笋是最嫩的，只要稍稍焯水，就能去除苦味。

毛竹笋

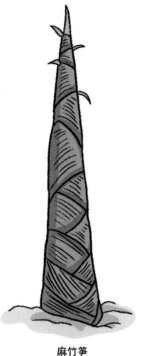

麻竹笋

小贴士

深受熊猫喜爱的竹子是箭竹，箭竹笋是熊猫每天必备的食物。如果你也想吃，需要和国宝大熊猫一争高下哦。

如果要用一个词来形容竹笋的味道，那就是鲜。油焖竹笋、炝炒竹笋、腌笃鲜都是中华菜系里的名菜。

它们的根是药材

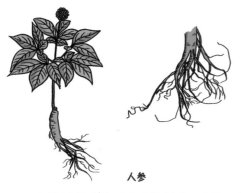

人参

人参

说起人参，许多人脑海里会浮现出一根长满须子，颇似人的头、手、足的药材。其实，被用作中药材的那一部分只是人参的根，它深埋在地下。人参是长满绿叶的草本植物，它的果实一颗颗簇拥在一根茎上，远观就像一个红色的小球。

人参在东汉的《神农本草经》中，被列为上品，世人将其称为"百草之王"。

为了满足大众对人参的需求，我国已经发展出了一条完整的人参产业链。只要按照科学的方法种下人参，4~6年后，掘开土地，就能收获一根完美的人参。

三七

明代著名药学家李时珍将三七称为"金不换"，他在《本草纲目拾遗》中记载"人参补气第一，三七补血第一"。那么，三七到底是什么呢？

三七

其实三七是人参的近亲，和人参一样属于五加科，人参属，它的叶片和红色果实与人参十分相似，但两者的根有所不同。人参的根呈黄色，像个小人，十分可爱；而三七的主根呈类圆锥形或圆柱形。

三七的功效和人参大不相同，它主要用于散瘀止血，消肿定痛。《本草纲目》中写道："止血散血定痛，金刃箭伤、跌扑杖疮、血出不止者，嚼烂涂，或为末掺之，其血即止。"

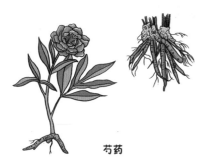

芍药

芍药

芍药是一种非常漂亮的花。"唐宋八大家"之首的韩愈曾经咏诗赞扬它："浩态狂香昔未逢，红灯烁烁绿盘笼。觉来独对情惊恐，身在仙宫第几重。"芍药花也是中国的名花之一，它被称为"五月花神"，象征着美好的友情和爱情。

芍药的花朵不仅大，并且层层叠加在一起，黄色花蕊点缀着粉色、白色、红色的薄薄的花瓣，绿色的叶片将一朵朵花衬得娇艳欲滴。

芍药不仅观赏性强，它们的根还可入药。干燥后的芍药根呈棕褐色，不同品种的芍药根长短不一。人们将它切成薄片，和其他药材一起使用。

在《神农本草经》中，也有芍药的相关记载，可见，芍药作为中药材的使用历史非常悠久。

它们的根是蔬菜

地下蕴藏着如宝藏一般的食材。当"地里"美味遇上中国"吃货",会发生什么呢?我们的祖先将这些根茎蔬菜用各种方法进行烹饪,将它们化作美食,让人们享受属于舌尖的快乐。

土豆

煮熟的土豆软软的、糯糯的,没有怪味,深受大家的喜爱。中国是全球最大的土豆生产国,而土豆是在几个世纪前传入中国的。土豆最早是由住在"的的喀喀湖"地区的印第安人用野生土豆改良而来的。土豆很容易播种,又能饱腹,很快就成为当地人的主食。

土豆是一种淀粉含量很高的食物,还含有丰富的赖氨酸、色氨酸,而且土豆的脂肪含量低,所以,土豆是一种营养丰富但吃了不会胖的食物。

你喜欢怎么吃土豆呢?

小贴士

为什么发芽的土豆不能吃?

土豆

藕

藕吃起来甜甜的、脆脆的，既能生吃又能做熟了吃，是人们的日常菜品之一。中国人最会吃藕，吃藕的历史可以追溯到上千年，从凉拌到煲汤，从小炒到裹入肉馅油炸，藕的做法丰富多样。

藕也是富含维生素的蔬菜之一。它富含维生素 C 及矿物质，对人体十分有益。

那么，藕是怎么长出来的呢？其实，藕就是荷花的根茎，而荷花的果实是莲子，生长在湖泊里。在藕的结构中，会有一些类似人体血管一样的组织，这些组织被称为导管。导管是螺旋形的，平常盘曲着，因为它有一定的弹性，当藕被折断后，它就会被拉伸。这也就是我们在吃藕时，会发现"藕断丝连"现象的原因。

藕

藕的采挖难度很大，只能由职业挖藕人带着锄头、铁锹等工具在藕田里操作。淤泥十分沉重，挖藕人在藕田里要使出很大的力气才能移动身体，同时藕也不能被折断，否则淤泥就会进入藕节中，那样就不能卖一个好价钱了。一个挖藕人一天要挖几十上百千克的藕，挖藕人每天累得腰都直不起来。所以，我们千万不可以浪费藕、浪费粮食呀！

白萝卜

唐朝诗人、"诗圣"杜甫虽然晚年生活很困难，但他是一个重情义的人。有一次，他的一位老友来看他，虽然贫病交加，但他仍不忘热情待客，还写了一首诗："遣人向市赊香粳，唤妇出房亲自馈。长安冬菹酸且绿，金城土酥静如练。"这里的土酥就是白萝卜。

当一颗颗白萝卜的种子被播下后，种子会在土里发芽，慢慢长大，经过一段时间的生长，我们就能收获一根根白白胖胖的萝卜了。

白萝卜为半耐寒性蔬菜，所以，世界上的很多地区都有白萝卜的身影。

白萝卜营养丰富，有"小人参"的美称。一到冬天，便成了家家户户饭桌上的常客。

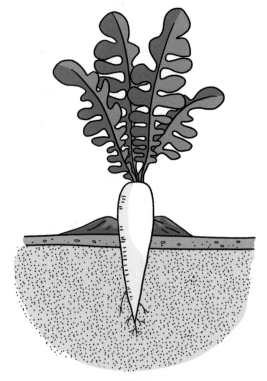

白萝卜

山药

土壤并不能阻挡中国"吃货"的脚步，这不，即便生长在地下一米的山药，也能成为中国人的食物。

这种学名为"薯蓣"的植物，千百年前就扎根在中国中原地区肥沃的土壤里，它们能长到一米多长。但就表面的模样来看，山药实在是平平无奇。它们的叶片肆意地缠绕在一起，又多又密集。而隐藏在这些毫不起眼的叶片下的，却是富含营养的美味佳肴。

中国人有种植山药的历史，等到冬季，山药的茎叶枯萎后，人们就会进行采挖。山药质地细腻，味道香甜。不过，山药黏液容易造成皮肤过敏，所以在削皮时最好戴上手套，否则沾到山药黏液的部位就会很痒哦。

山药能健脾养胃，但要注意，一定不能生食山药，否则会中毒！

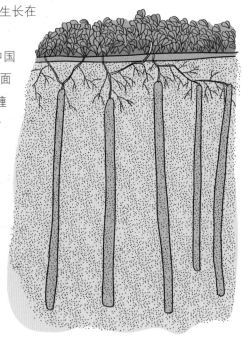

山药

番薯

番薯

番薯是在明朝传入中国的一种美洲农作物。其传入经历却充满了传奇色彩。据清代宣统年间的《东莞县志》记载，明朝的万历八年（1580年），陈益搭乘朋友的商船从虎门出发前往安南（今越南）。到达安南后，当地的首长接待他们时摆出一道官菜，这道菜不但香甜软滑，非常可口，还能充饥，这就是番薯。而清代的《金薯传习录》中则记载，番薯系陈振龙从海外传入，在当时起到了疗饥救荒的作用。

番薯从叶片到根茎，都可以食用，不过深受中国人喜爱的还是它的根。成熟的番薯是椭圆形或柱状的，不同品种的番薯，颜色和个头都有差别，最常见的就是红薯和紫薯。番薯的叶片也很有特色，是心形的，它们长不大，一枝一枝地聚在一起，远远看去，绿油油的一片，可漂亮了。

生姜

一提到生姜，你一定会想起它们相互凑在一块儿，手掌一般的模样。生姜的根茎是长在地下的，在地表上的植株能长到十几厘米。如果走近观察，你就会发现这些叶片很像竹叶，绿绿的，细细的，尖尖的。

中国是食用调味品的大国，生姜就是必不可少的调味品。它能去腥、提味，用它做汤还能祛除身体里的寒气。如果你淋了雨，喝一碗热热的姜汤就会感到全身都暖和了。

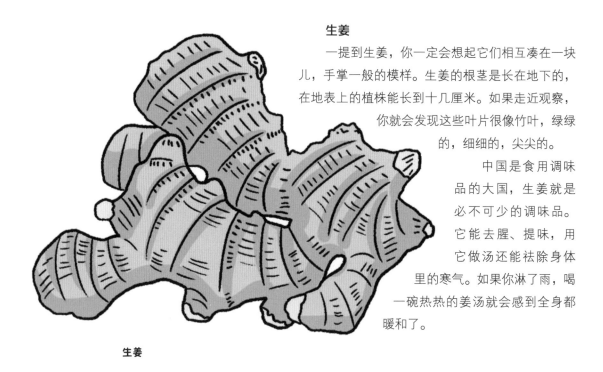

生姜

洋姜似姜非姜

有一种名为洋姜的植物，学名为菊芋，它原产于北美洲，后来传到中国。洋姜的外形与调味品生姜很相似，但洋姜并不是姜哦。人们常常把洋姜腌制成酸脆爽口的开胃小菜，吃起来有一种奇特的味道，而这种味道让人欲罢不能。有些地方的人还会将洋姜用作炒肉的辅料，味道极好。

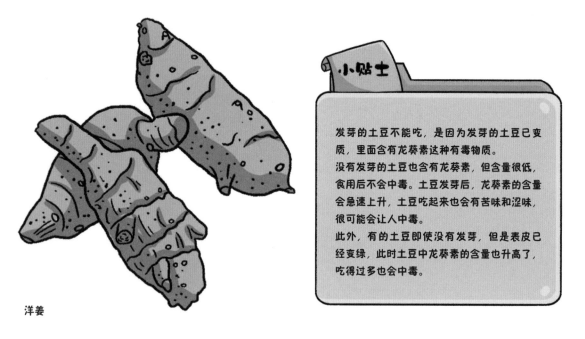

洋姜

小贴士

发芽的土豆不能吃，是因为发芽的土豆已变质，里面含有龙葵素这种有毒物质。

没有发芽的土豆也含有龙葵素，但含量很低，食用后不会中毒。土豆发芽后，龙葵素的含量会急速上升，土豆吃起来也会有苦味和涩味，很可能会让人中毒。

此外，有的土豆即使没有发芽，但是表皮已经变绿，此时土豆中龙葵素的含量也升高了，吃得过多也会中毒。

它们的根既是食材又是药材

当归

当归是一种补血活血、润肠通便的中药材。它们能长到几十厘米高，绿色的叶片是锯齿状的，在叶子的背面有细小的白色绒毛。当归的花十分特别，一朵一朵地凑在一起，组成一个个小小的白球，最后变成一个大大的白伞，远远望去，真是漂亮！

小贴士

为什么中药的味道是苦的？
其实不是所有的中药都是苦的，中医认为，中药一共有五种味道：酸、甘、辛、咸、苦。比如甘草片尝起来是甜的，山楂吃起来是酸的……但是大多数中药含有生物碱，所以会有苦味。

当归

当归可以食用和药用的部分是它的根，呈圆柱状，一般长度为十几厘米，表面呈黄棕色或棕褐色，有纵向的皱纹和横向生长的皮孔。和芍药根不同，当归的根表皮很软，切开之后是白色的，闻起来有非常浓郁的香气。炖汤是当归作为食物的重要食用方式，因为它香甜的味道，汤会变得十分美味。

五指毛桃

听到"五指毛桃"这个名字，你是不是会想：这种植物跟手指和毛桃有什么关系呢？其实，五指毛桃是指桑科植物裂掌榕，它呈灌木状，能长到一两米高。由于它的果实像毛桃，叶片状若五指，所以被称作"五指毛桃"。

而中药中的五指毛桃，指的是它的根，它的根既是一种能够健脾补肺的中药材，又是一种可以炖汤喝的食材。五指毛桃普遍生长在我国华南地区的山林中、村寨旁。

五指毛桃的根系发达，它的根部虽然细，但十分长，甚至可以超过两米，所以我们在食用时总是将它们捆成一团。它们的味道甜甜的，很是爽口。

五指毛桃

第三章 地下的文物

世界闻名的地下世界

土耳其共和国的地下宫殿

在土耳其共和国最大的城市伊斯坦布尔的地下，有许多古代水库，是过去的居民用来储水的地方，其中最大的是被称为"地下宫殿"的水库。

其实这座巨型水库的名字是耶莱巴坦地下水宫，它修建于公元6世纪，拥有一千多年的历史，位于著名的圣索菲亚大教堂西南方，是由拜占庭皇帝查士丁尼一世建造的。

这座地下宫殿能蓄几万吨的水，传说如果蓄满水，可供当时全城人喝一个月。如果你走在地下宫殿里，一定会迷路，因为它一共用了300多根粗大石柱支撑着穹顶。这是一项多么令人难以置信的工程啊！

英国马盖特的贝壳石窟

马盖特位于英国多佛港口以北，是一个有着几万名居民的沿海小镇。这个平平无奇的小镇拥有一个被称为"贝壳石窟"的神秘洞穴，于1835年被发现。

这个石窟的墙壁上，镶嵌着由贝壳组成的图案，密密麻麻的贝壳有400多万枚，十分壮观。没有人知道它是什么时候建造的，也没有人知道它的建造者是谁，许多人推测是3000年前的圣殿骑士建造了它，但时至今日，关于这个贝壳石窟，人们依然一无所知，或许这正是古代文明引人入胜之处吧。

马耳他共和国的哈尔萨夫列尼地宫

马耳他共和国的哈尔萨夫列尼地宫是由联合国教科文组织认定的世界遗产，被认为是最古老的古代地下寺庙。这座地宫是马耳他共和国的著名古迹，有"史前圣地"之称。

这座地下宫殿建于公元前3000年左右，是新石器时代的古人类在地下的岩石中挖凿而成的。地宫虽然是在地下凿砌而成的，但建筑结构与在地面上用巨石修造的庙宇类似，整座地宫面积达500平方米，包括38间石屋。

一架转盘楼梯从地宫前殿往下延伸，尽头是一座具有拱形圆顶、橄榄形地下空间的岩石宫殿。地宫里有很多洞穴，用途各不相同，设有储粮室、储水室、殉葬室等。据专家推测，这个地宫最初作为当时哲人的避难所，后来才变成了大墓地。

突尼斯共和国的马特马塔

在非洲国家突尼斯共和国的南部，有一座名叫马特马塔的地下城。这里是砂岩地质，人们在这里手工挖掘出洞穴，这些洞穴形似我国的窑洞，至今仍有柏柏尔人居住在这里。马特马塔是当地居民的避暑地，这个地区受撒哈拉沙漠的影响，终年干旱酷热，但这个"地下村庄"空气清新、凉爽舒适，一年四季温度适宜。地下城分为两层，底层是卧室、作坊、厨房和储物间，二楼则是存放粮食的仓库。

约旦的佩特拉古城

佩特拉古城在 2007 年被评选为世界新七大奇迹之一。它位于约旦哈希姆王国的首都安曼南部，隐藏在阿拉伯谷东侧的一条狭窄的峡谷里面。

约旦佩特拉古城建造于公元前 6 世纪左右，考古学家认为这很可能是托勒密王朝时期的地下古城。它是世界文化遗产之一，也是约旦最负盛名的古迹之一。佩特拉古城是在岩石的下边开凿出来的，从外部看，它就像珊瑚或玫瑰一般红，尤其是在夕阳照射下，整座古城都笼罩着浪漫的气息，正因如此，佩特拉古城也被称为"玫瑰红古城"。

古城除了有住宅、寺庙、宫殿等，还有在山体里凿出来的大广场、剧场，可以说这里的一切都凝聚了当时人们的智慧和财富。

它的美丽，让世人惊叹，也引来了无数人的赞美，英国诗人威廉·伯根在诗里赞美它："令我震惊的唯有东方大地，玫瑰红墙见证了整个历史。"

秘鲁的地下圣城

查文德万塔尔是位于秘鲁首都利马以北的考古遗迹。它的海拔在 3000 米以上，西部是沙漠，东部是亚马孙热带地区。根据现有的证据显示，公元前 3000 年的时候，这里就有人居住了。在公元前 1500 年左右，这里发展成安第斯山脉地区宗教信仰的礼仪和朝圣中心。这座地下圣城由石板石头堆砌而成，其中的雕刻令人印象深刻。例如，被称为蓝琢

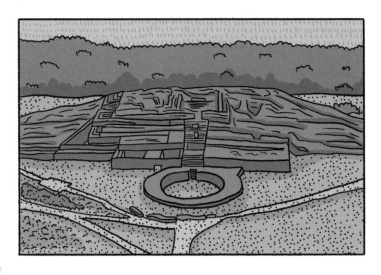

的花岗岩棱镜形雕塑有 4.5 米高，上面是宽阔的猫头，向下逐渐变细，插入地下。据考古学家推测，它们应该是寺庙的保护神。

中国的地下古城

龙游石窟

在 1992 年，浙江衢州市龙游县石岩背村的四位农民用四台水泵，想抽干村里的一个深不可测的"无底洞"捕鱼，没想到花费 17 天的时间把水抽干了，鱼却没有一条。也正是由于四位农民偶发的探奇心理，一个在地底沉睡了上千年、举世罕见的浩大地下工程，以及一段埋藏已久的远古岁月，袒露于世人面前。

春秋时期，龙游为姑蔑都城。在公元前 222 年，秦始皇在全国设立郡县时，龙游为太末县的治所。在唐贞观八年（公元 634 年）龙游更名为龙丘；五代时就变成现在的称呼龙游了。所以龙游县的历史是非常悠久的。但到目前为止还没有证据显示龙游石窟的建造时间，这成了千古之谜。

龙游石窟占地约为 0.38 平方千米。在这不大的空间里，分布着 20 多个大小不一、布局精妙的人工洞窟，在石窟被打通后，人们又发现这些洞窟紧密相连。

石窟的洞壁陡峭，洞顶是圆弧形的，斜着延伸到远处。每个石窟从洞口至洞底都有一条宽大的石阶。每个石窟的底部都有一至两个人工凿挖的石池和人工斜坡。

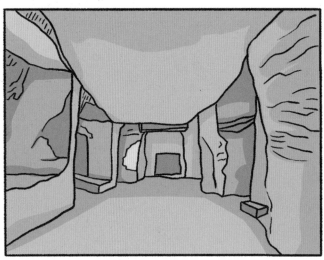

石窟中有几根粗大的石柱，这些石柱撑着顶部，使顶部不会坍塌。

石窟的面积大小不同，大的有上千平方米。每个石窟的高度在20至40米不等，每个石窟的洞口都是矩形的。

这是龙游石窟中为数不多的岩画之一。专家推测，画上的鸟儿是侏罗纪时代的始祖鸟，而鱼很像是中国神话故事中的鳌鱼，野马正在奔跑。整幅岩画生动形象。

开封地下城叠城

在 1981 年，在龙亭东湖清淤时，人们意外地挖出了明代周王府遗址。继续往下挖，在 8 米深处看到了北宋皇宫的遗址：庞大的灰砖房基，空旷的殿壁走廊，以及残垣断壁。

"开封城摞城，龙亭宫摞宫，潘杨湖底深藏多座宫。"周王府的发掘，似乎印证了这些流传下来的传说。考古发现令世界震惊：在开封地下 3 ~ 12 米处，上下叠罗汉似的摞着 6 座城池——3 座国都、2 座省城、1 座中原重镇。自下而上，它们依次是魏大梁城、唐汴州城、北宋东京城、金汴京城、明开封城和清开封城。除魏大梁城位于今开封城略偏西北外，其余几座城池，其城墙、中轴线几乎都没有变化，从而形成开封独有的"城摞城""墙摞墙""路摞路""门摞门""马道摞马道"等奇观。

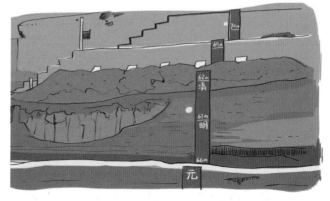

从龙亭公园午门一直往南是开封旧城的中轴线，是繁华的中山路，其地下 8 米处，正是北宋东京城南北中轴线上的通衢大道——御街。在中山路和御街之间，分别叠压着明代和清代的路面。这种"路摞路"的景观意味着：从古代都城到现代城市，开封的市中心从未变过。

如今的开封已不如北宋时繁华，但它的地下世界依旧提醒着世人，这曾是一座富丽辉煌的梦华之城。

神奇的水下古城

在浙江省杭州市淳安县，有一个闻名中外的湖——千岛湖，它是长江三角洲的腹地。千岛湖的湖形就像树枝一样，湖中有大大小小的岛屿一千多个，它们形态各异、有疏有密、罗列有致，与湖水构成了相辅相成的自然画卷。

在 1957 年，为了建造我国第一座自行设计的大型水电站——新安江水电站，在钱塘江水系干流上游新安江建造了大坝。

为了建造水利工程，当时的浙江省将原淳安县、遂安县两县合并为淳安县，许多人从此移民到别处。水库建好之后，周边的许多乡镇、村庄、良田和民房，悄然沉入了千岛湖湖底。

建于汉朝的贺城和建于唐朝的狮城一夜间被淹没在这片碧波之下。

贺城始建于公元208年；狮城从唐朝开始由遂安县管辖，古有"浙西小天府"之称。这两座古城，都曾是新安江畔徽商商路枢纽。

在被淹之前，狮城是浙江西部地区的重镇，水陆交通便利。狮城城内有许多名胜古迹，比如明清时期的古塔、牌坊及岳庙、城隍庙、忠烈桥、五狮书院等。

因为当时的文物保护技术有限，两座古城被淹没得十分仓促，让专家一阵阵惋惜。但在2001年，一批潜水员在当地旅游局的组织下，找到了水下古城——狮城。人们惊喜地发现，城内部分民房的木梁、楼梯、砖墙依然耸立，并未腐烂，有的大宅院围墙完好无损，房内仍是雕梁画栋。

在发现完好无损的水下古建筑群后，千岛湖曾经开展了许多潜水观光项目。这样的过度曝光，给这些珍贵的文物造成了无法挽回的损失，所以当地禁止了古城潜水旅游。让我们一起期待，未来的某一天，当文物保护的技术十分成熟之时，能一睹这些沉睡在水下的古城的风采！

沉睡三千年，一醒惊天下

三星堆遗址位于四川省广汉市，是迄今我国西南地区发现的分布范围最广的古文化遗址。根据科学家考证，三星堆存在的年代应为商朝。遗址的面积达到了 12 平方千米。

三星堆遗址被认为是 20 世纪最伟大的考古发现之一，它的存在证实了长江流域和黄河流域一样，是中华文明的源头，被誉为"长江文明之源"。

三星堆博物馆在 1992 年就开始建造，从 1997 年起正式对公众开放。它位于遗址的东北方向，是中国的一级博物馆，馆内珍藏了各种从遗址中出土的精美文物。

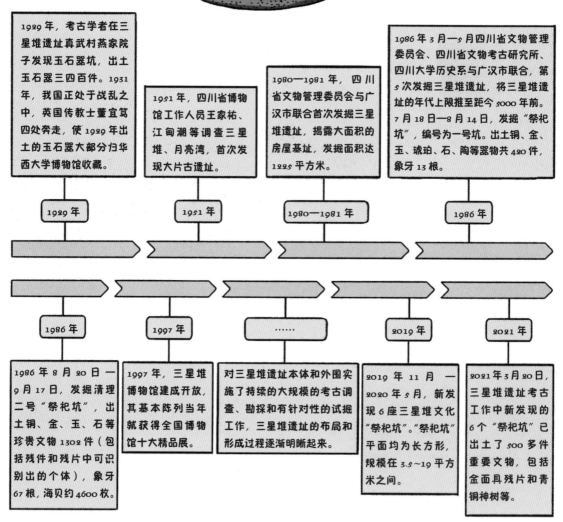

1929 年，考古学者在三星堆遗址真武村燕家院子发现玉石器坑，出土玉石器三四百件。1931 年，我国正处于战乱之中，英国传教士董宜笃四处奔走，使 1929 年出土的玉石器大部分归华西大学博物馆收藏。

1929 年

1951 年，四川省博物馆工作人员王家祐、江甸潮等调查三星堆、月亮湾，首次发现大片古遗址。

1951 年

1980—1981 年，四川省文物管理委员会与广汉市联合首次发掘三星堆遗址，揭露大面积的房屋基址，发掘面积达 1225 平方米。

1980—1981 年

1986 年 3 月—5 月四川省文物管理委员会、四川省文物考古研究所、四川大学历史系与广汉市联合，第 5 次发掘三星堆遗址，将三星堆遗址的年代上限推至距今 5000 年前。7 月 18 日—8 月 14 日，发掘"祭祀坑"，编号为一号坑。出土铜、金、玉、琥珀、石、陶等器物共 420 件，象牙 13 根。

1986 年

1986 年

1986 年 8 月 20 日—9 月 17 日，发掘清理二号"祭祀坑"，出土铜、金、玉、石等珍贵文物 1302 件（包括残件和残片中可识别出的个体），象牙 67 根，海贝约 4600 枚。

1997 年

1997 年，三星堆博物馆建成开放，其基本陈列当年就获得全国博物馆十大精品展。

……

对三星堆遗址本体和外围实施了持续的大规模的考古调查、勘探和有针对性的试掘工作，三星堆遗址的布局和形成过程逐渐明晰起来。

2019 年

2019 年 11 月—2020 年 5 月，新发现 6 座三星堆文化"祭祀坑"。"祭祀坑"平面均为长方形，规模在 3.5~19 平方米之间。

2021 年

2021 年 3 月 20 日，三星堆遗址考古工作中新发现的 6 个"祭祀坑"已出土了 500 多件重要文物，包括金面具残片和青铜神树等。

这件造型奇特、宏伟的青铜面具，是三星堆遗址里最神秘的文物。它的高度为66厘米，宽度为138厘米，有一双向外凸出的眼睛，还有一对大大的耳朵，十分像中国神话里的"千里眼""顺风耳"。考古学家认为，这个面具的制造或许跟古蜀文明的始祖蚕丛有关。据说蚕丛是古蜀国第一位称王的人，他是一位养蚕的专家，他的眼睛向外凸出，率领部落发展养蚕事业。

在三星堆遗址发掘出的青铜神树中，最完整的是1986年在二号"祭祀坑"出土的"一号神树"。

它的高度为396厘米，由底座、树干和龙三部分组成，这也是我国迄今为止所发掘的单件青铜文物中，最大的一件。

据考古学家推测，这棵神树是古蜀人与上天沟通的工具。

这尊戴着金面罩的青铜人头像高度为42.5厘米，头顶是平的，头发往后梳着。

金面罩的制作颇为精致，薄薄的一层，却完整地贴合在头像上。考古学家认为这样的面罩并不是为了美观，而是为了宗教祭祀所制作的。

这尊青铜立人像是三星堆最著名的文物之一，人像的高度为180厘米，加上底座足足有260.8厘米。考古学家从它华丽的服饰和高大的形象，推测这尊立人像应该是三星堆所有立人像的"领袖"。

青铜立人像头戴高高的发冠，衣服上纹饰繁复精美，龙是主要的纹饰，鸟、虫等纹饰夹在其中。

这个直径约为85厘米的青铜太阳轮，看起来是不是很像汽车的方向盘呢？它可不是古蜀人马车上的东西，它是用于祭祀的"神器"。古蜀人是十分崇拜太阳的，所以这个太阳轮的中间有一个太阳的符号，光芒被五等分并向四周散开。

小贴士

三星堆的文化如此奇特，你觉得会是怎么产生的呢？

马王堆汉墓

在 1951 年，考古学家在湖南省长沙市芙蓉区东郊 4 千米处的浏阳河旁的马王堆乡进行考古调查，发现了汉代墓葬群，这就是马王堆汉墓。

马王堆汉墓是西汉初期（公元前 200 年左右）的长沙国丞相、轪侯利苍的家族墓地。

从 1972 年至 1974 年，长沙马王堆汉墓总共进行了三次抢救性发掘，共出土了 3000 多件文物。马王堆汉墓的墓葬结构和随葬品保存得十分完整，充分体现了汉代生活方式、丧葬风俗，为我国的考古学家研究汉代社会风貌提供了重要的证据。

三座汉墓中，二号墓的主人是汉初长沙国丞相、轪侯利苍，一号墓的主人是利苍的夫人辛追，三号墓的主人是利苍之子利豨。三座墓的北部都建有长方形的墓道，椁室构筑都在墓坑的底部，墓底和椁室的周围，塞满了木炭和白膏泥，用以防腐，接着层层填土，夯实封固。

辛追墓外椁

原置于墓坑底部的三根方形枕木上，有盖板两层、顶板一层和底板两层。模仿生前居室的椁室，由棺室与四个边厢组成，形状像"井"字，古文献称为"井椁"。这是迄今保存最大、最完整的汉代井椁实物。

辛追墓"非衣"帛画

此帛画保存完好，用三块单层细绢拼成，顶端横裹一根竹竿，上系丝带；中部和下部四角各缀有青黑色麻质绦带。因画有死者肖像，被当作"魂幡"，出殡时引作前导，入葬时放置在内棺盖上。帛画用笔墨和重彩绘画，画面从上至下分天上、人间和地下三部分。整幅帛画用浪漫手法表现了古人对天国的想象和对永生的追求。

三号墓是利苍和辛追之子利豨的墓。

三号墓出土的《长沙国南部地形图》帛书，是迄今为止发现最早、编制最准确的军事地图。图中方位为上南下北，与如今地图的方位相反。图中主区包括长沙国南部八县，即今湘江上游第一大支流潇水流域、南岭、九嶷山及其附近地区，图中水系与现代地图所绘大体相同；邻区为南越王赵佗的辖地，约相当于今天的广东大部分和广西小部分地区。地图对所绘内容的分类分级、符号设计、主区相邻区略等较为科学的制图原则，至今仍在沿用。

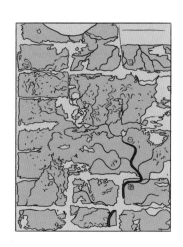

朱红菱纹罗丝绵袍由辛追墓出土，这款绵袍为交领、右衽、曲裾，是朱红色的菱纹罗面料，素绢里、缘，内絮丝绵。其款式类似古代的"深衣"，在西汉早期贵族妇女中广为流行。

这件素纱单衣由辛追墓出土，款式为右衽、直裾，重49克。汉代人描述其薄如蝉翼、轻若云雾。多数考古学家认为它可能穿在锦绣衣服的外面，既可为其增添华丽感，又可产生朦胧美感；也有考古学家认为其当时是作为内衣穿着的。这是迄今所见最早、最薄、最轻的服装珍品，是西汉时期纺织技术的巅峰之作，代表了西汉初期养蚕、缫丝、织造工艺的最高水平。

在一号墓最里层的棺椁内，出土了一具距今大概2000多年的女尸——辛追的遗体。

辛追的遗体，形体完整，全身润泽，部分关节可活动，血管清晰可见，软结缔组织尚有弹性，与新鲜尸体相似。它既不同于木乃伊，又不同于尸蜡和泥炭鞣尸，是一具特殊类型的尸体，是防腐学上的奇迹，是世界考古史上前所未见的不腐湿尸。可惜受到当时文物保护技术条件的限制，加上人们的文物保护意识落后，辛追的遗体出土后，长时间跟空气接触，毁坏十分严重。目前，辛追的遗体安置到为其量身定做的"地下寝宫"里。这个"地下寝宫"距离地面8米，恒温恒湿，模仿当年出土时的原状修建，接近之前在马王堆汉墓里的环境。遗体经解剖后，躯体和内脏器官均陈列在一间特殊设计的地下室内。

辛追

小贴士

为什么辛追的遗体经过2000多年还保存完好？这主要是因为墓室的密封和深埋形成了低温，再加上墓室周围的木炭和白膏泥，不但防潮，还形成了缺氧和无菌环境，所以辛追的遗体得以保存完好。

乾陵

在陕西省咸阳市乾县北部的梁山上，有一座被称为考古界"三峡工程"的帝王陵墓——乾陵。这里埋葬着唐高宗李治和武则天。

乾陵陵园规模宏大，《唐会要》中记载了乾陵占地有"周八十里"。因为埋葬着两位皇帝，所以它也铸造了里外两层城墙，东西南北城墙分别长 1500 米左右，经过考古学家测算，乾陵的总面积接近 240 万平方米。

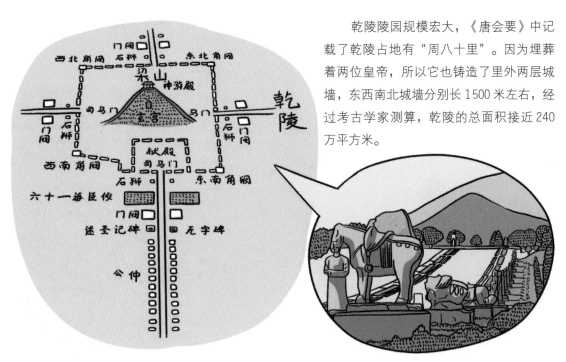

唐朝的陵墓有独特的建筑特色，它们在山体里挖掘洞窟，这和秦汉时期依靠人工堆砌陵墓不同。

乾陵是唐朝陵墓的代表，有一条隧道深入地下。除主墓外，乾陵还有 17 个小型的陪葬墓，里面是其他皇室成员和功臣。

乾陵是唐朝十八个帝陵中主墓保存最好的一个，它没有被盗过，所以如果你去乾陵旅游，你看到的是什么样子，在 1300 多年前就是什么样子。

既然乾陵这么宏伟，为什么考古学家不挖掘乾陵呢？

在中华人民共和国成立后，考古学家曾经主动挖掘过明朝万历皇帝的定陵，由于当时的技术条件不成熟，加上观念陈旧，让定陵的许多文物遭到损坏。从此之后，我国就规定，不允许主动发掘帝王陵墓。所以，我们现在所知道的考古发掘，都是抢救性的。

唐高宗李治

唐高宗李治生于公元 628 年，是唐朝的第三位皇帝，他是唐太宗李世民与长孙皇后的儿子。李治在位期间，勤于政务，用人唯贤，社会治安良好，经济持续发展，人民安居乐业，他还拓展了唐朝的版图，远征高句丽（现在的朝鲜半岛），最远到达了现在俄罗斯的贝加尔湖地带，开创了"永徽之治"。

武则天出生于公元 624 年。唐高宗在执政后期，由于身体不好，一些政事就由皇后武则天来处理，这时，武则天展现了她非凡的才能，将国家治理得井井有条。公元 683 年唐高宗去世，公元 690 年武则天称帝，改国号为周，她是中国历史上唯一一位女皇帝。在位 15 年的时间里，武则天知人善任，重视人才，并且录用了许多有才有名的女官员，还多次改革整顿吏治，是一位才智过人的皇帝。

武则天

在乾陵有一座著名的碑，它是由一块完整的巨石制作而成的，高度为 7.53 米，宽为 2.1 米，厚度为 1.49 米，重约 100 吨，可是这样的石碑上却没有一个字，这就是武则天生前为自己立的"无字碑"。

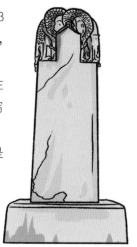

无字碑的"身体"上有九条龙，每一条都栩栩如生，它们在空中飞舞。在中国古代，龙是天子、皇帝的象征，尽管"无字碑"上没有碑铭，也没有书写武则天政绩的颂文，但仍旧巍峨壮观。

不过，如果现在你去乾陵的话，会看到"无字碑"上有很多字，那其实是宋朝以后的文人刻上去的。

在"无字碑"的对面，有一块述圣纪碑，上面是由武则天亲自撰写的碑文，记载的都是唐高宗的功德和政绩。

述圣纪碑是长方体，高度为 7.53 米，每条边的宽都是 1.86 米，重约 90 吨。

在乾陵朱雀门外的东西两侧分布着几十尊石人像，他们身着少数民族官员的服饰，考古学家认为，他们是当时觐见唐朝皇帝的外国使节、王子等，在每尊石像的背后，还刻有各自的国名、官职、姓名等。武则天将当时的盛况用这种方式记录下来，现在这些石像是考古学家研究唐朝盛世的重要佐证。

不过这些石像都没有了头，考古学家认为这是由于明朝的一场强烈地震造成的。

世界第八大奇迹——秦始皇陵兵马俑

公元前 230 年—公元前 221 年，秦王嬴政先后灭掉韩、赵、魏、楚、燕、齐六国，完成了统一大业，建立起一个中央集权的统一的多民族国家——秦朝。他自称始皇帝，是我国历史上第一个使用"皇帝"称号的君主。

秦始皇陵是嬴政为自己修筑的陵墓，由丞相李斯主持规划设计，修筑了 39 年才建成，被誉为"世界第八大奇迹"的兵马俑是修筑秦始皇陵的同时制作并埋入随葬坑内的。

目前，已经发掘的兵马俑坑有三座，它们像"品"字一样排列，考古学家将其分别编为一、二、三号坑。

兵马俑是我国发现的最大规模的陶塑，它位于秦始皇陵东部。三座俑坑内有与真人、真马大小相似的陶俑、陶马近8000件。尽管数量庞大，但令人十分惊奇，每一个兵马俑的模样都不尽相同，逼真生动，走近一看就像真人一样。

兵马俑的规模庞大，说明当时秦国的国力强盛。兵马俑的体型反映了当时秦国人民的身体非常强健。兵马俑的造型、妆容都参照了当时秦国的真实状况，因此，仅仅从兵马俑就可以看出秦国当时的社会风貌。

兵马俑的制作技艺十分成熟，每个陶俑的装束、神态都不同，连眼神都各有差异。每个兵马俑都是彩色的，虽然年代久远，但在刚刚发掘出来的时候还依稀可见人物面部和衣服上绘制的色彩。

可以说，无论是从艺术手法上，还是从文物价值上，兵马俑是震撼世界的奇观。因此，早在1987年，秦始皇陵及兵马俑坑就被联合国教科文组织批准列入了《世界遗产名录》。

兵马俑手持的兵器可都是真的哦！

立射俑出土于二号坑，他的武器是弓弩。立射俑穿的是秦朝轻装的战袍，束发挽髻，看起来很轻便、灵活。《吴越春秋》上记载了古代立射战士的姿势——"射之道……左足纵，右足横；左手若附枝，右手若抱儿……此正射持弩之道也。"立射俑的出现，印证了史料的记载，说明在秦始皇时代，射箭的技艺已经达到了高水平，军队里已经有了正规的操练系统。

跪射俑也出土于二号坑，他手中的武器也是弓弩。跪射俑不仅身穿战袍，还披着盔甲，时刻准备着向敌人发动攻击。跪射俑的鞋底被工匠们细致地刻画了针脚，可见当时的工匠有多细致，看着跪射俑，就像看到2000多年前的士兵。跪射俑是最完整的陶俑，他们的铠甲上还有红色涂层。

在 1980 年 12 月，考古学家在秦始皇陵封土西侧的地下发掘出了两乘大型彩绘铜车马。这是我国考古史上发现的时间最早、体形最大、保存最完整的铜车马。

铜车马是秦始皇的陪葬品之一，考古学家认为它参照的是秦始皇的銮驾。铜车马的车盖、内外都彩绘着精美的纹样；金银饰品重达 14 千克，可见这两乘铜车马是何等的高贵。

摄影师赵震的工作是为兵马俑拍摄"身份证"，有一天他在拍摄过程中，意外发现了某一尊兵马俑的嘴唇上，有一枚工匠在制作过程中留下的指纹。这是一枚穿越了 2200 多年的指纹，然而却是当年的工匠们真实存在过的证据，抚摸着这一枚指纹，就好像瞬间回到了国富民强的秦朝。兵马俑并不是死气沉沉的文物，而是有温度、有生命的"祖先"。

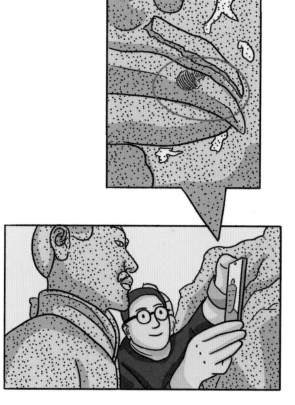

博物馆里的文明

博物馆往往被建在城市的中心，建造得也十分宏伟，那么博物馆到底是什么呢？

博物馆对公众免费开放，是为社会提供学习、教育的场所。在博物馆里我们可以知道人类从哪里来，了解在漫长的人类历史中，人类的祖先做了些什么。

法国卢浮宫位于法国巴黎市中心的塞纳河北岸，是世界上最古老、最大、最著名的博物馆之一。它始建于1204年，曾经是几十位法国国王和王后的王宫，历经800多年的扩建、重修，达到今天的规模。

卢浮宫整体建筑呈"U"形，宫前的金字塔形玻璃入口，是华人建筑大师贝聿铭设计的。

《汉谟拉比法典》是卢浮宫现存最著名的馆藏精品之一。

在1901年，法国人和伊朗人组成了考古队，他们在伊朗西南部一个名叫苏撒的古城旧址上，发掘了3块黑色玄武岩，拼凑起来恰好是椭圆柱形的石碑。

这块石碑高2.25米，底部圆周为1.9米，顶部圆周为1.65米。在石碑上半段那幅精致的浮雕中，古巴比伦人崇拜的太阳神沙马什端坐在宝座上，古巴比伦王国的国王汉谟拉比，恭谨地站在他的面前，接受沙马什给他的象征帝王权力的权杖。石碑的下半段，刻着用楔形文字书写的、汉谟拉比制定的法典。这就是著名的《汉谟拉比法典》，它是世界上现存最早的一部比较系统的法典，它的出土，把我们带到了近4000年前的古巴比伦社会。

《蒙娜丽莎》是意大利文艺复兴时期画家列奥纳多·达·芬奇创作的油画。画中这名女性典雅而恬静，无论从哪个角度看，她都仿佛在对着你微笑。这幅画是卢浮宫的镇馆之宝。

英国大英博物馆位于英国伦敦新牛津大街北面的罗素广场。在1753年，该博物馆成立，从1759年1月15日起正式对公众开放。大英博物馆拥有藏品800多万件。

大英博物馆里的东方艺术文物馆里有十多万件来自中国、日本、印度及其他东南亚国家的文物，来自中国的历代稀世珍宝就达2.3万件，其中绝大多数为无价之宝。

《女史箴图》为我国东晋时期的画家顾恺之创作的绢本绘画作品。原作已经不知所终，现存的版本是唐朝人临摹的。作品主要描绘女范事迹：有汉代冯媛以身挡熊，保护汉元帝的故事；有班婕妤拒绝与汉成帝同辇，以防成帝贪恋女色而误朝政的故事等。《女史箴图》在一定程度上反映了东晋时期不同身份的宫廷妇女的生活情景，现收藏于大英博物馆。

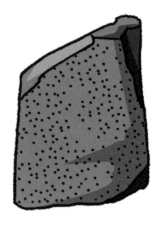

罗塞塔石碑，是公元前196年古埃及托勒密王朝制作的登基诏书，它的高度为1.14米，宽度为0.73米。石碑上有希腊文、古埃及文，是当代学者研究古埃及历史的重要史料。

罗塞塔石碑最早是在1799年由法军上尉皮耶·佛罕索瓦·札维耶·布夏贺在埃及一个港湾城市罗塞塔发掘出土的，自1802年起保存于大英博物馆中并向公众展示。

俄罗斯的艾尔米塔什博物馆是世界四大博物馆之一。它最开始是俄罗斯沙皇叶卡捷琳娜二世女皇的私人行宫，从1852年起对外开放。艾尔米塔什博物馆里珍藏的历史文物与艺术品，共有270多万件，要看完这么多藏品，至少需要花费二十几年的时间呢。

在1908年，俄国人科兹洛夫在沙皇尼古拉二世的支持下进入黑水城（黑水城遗址位于今蒙古额济纳旗），盗掘了大量当地的西夏文文献，并运送回俄罗斯。在1909年5月，科兹洛夫再次进入黑水城，对西夏文物进行盗掘，并带走了一件绝世孤品——双头分身瑞像。这是一尊彩塑的立佛，高度约为60厘米，是西夏王朝时期的重要文物。这是我国境内出土的唯一一例以彩塑形式出现的"双头佛像"。这类佛像"双头四臂"或"双头二臂"，佛像双头分别向两侧略倾，目光柔和，该文物现存于艾尔米塔什博物馆。

大都会艺术博物馆是美国最大的艺术博物馆，它位于美国纽约第五大道，有大约300万件展品。

大都会艺术博物馆的主体展览大厅共有3层，内有五大展厅，分别为欧洲绘画、美国绘画、原始艺术、中世纪绘画和埃及古董展厅。每年大都会艺术博物馆都会展出几万件展品。

　　这套陕西省宝鸡市出土的国宝级青铜器，共有14件，包括禁、卣、尊、盉、爵、角、觯、斗等。这套青铜器原本由清朝末期的收藏家端方收藏，端方去世后，家道中落，他的后代就将这套青铜器出售给了大都会艺术博物馆。

　　单件的青铜器，在许多博物馆都有珍藏，这套青铜器的珍贵之处在于它以成套的形式出土、展出。这套青铜器在出土时，有些是叠放在一起的，这就让我们可以清楚地知道古人是如何对它们进行搭配、组合和使用的，这对我们研究商周朝代的青铜器有着非常重要的历史文化意义。

小贴士

我国的许多国宝级文物都是在清末民初时，被国外探险家、考古学家通过非法盗取、哄骗售卖等手段带到了世界各地，许多文物也因此遗留在了世界各大博物馆。国穷则遭人欺，那时的中国羸弱、积贫，没有足够的能力保护这些国宝，如今我们的国家正在不断地努力，通过外交手段、购买、华人捐赠等方式，使这些中华民族的瑰宝能够尽快回到祖国的怀抱。

中国国家博物馆

中国国家博物馆位于首都北京，简称国博，是代表国家收藏、研究、展示、阐释能够反映中华优秀传统文化、革命文化和社会主义先进文化代表性物证的最高机构，是国家最高级别的历史文化艺术殿堂和文化客厅。

在 1912 年，国博的前身——"国立历史博物馆筹备处"成立。在 2003 年，在原中国历史博物馆和中国革命博物馆基础上，正式组建中国国家博物馆。国博总用地面积达 7 万平方米，建筑高度为 42.5 米，地上 5 层，地下 2 层，有 48 个展厅，是世界上单体建筑面积最大的现代化综合性博物馆。

国博现有 143 万余件藏品，涵盖古代文物、近现当代文物和艺术品等多种门类，藏品系统完整，历史跨度巨大，材质形态多样，具有独特鲜明的特点，充分展现和见证了中华文明 5000 多年的血脉绵延与灿烂辉煌。

在 1955 年，陕西省西安市半坡出土的人面鱼纹彩陶盆，是国博的镇馆之宝。陶盆的高度为 16.5 厘米，口径为 39.8 厘米，是大约一万多年前的新石器时代前期仰韶文化的葬具。

彩陶盆是红色的，沿口绘有间断的黑彩带，盆的内壁是用黑色的颜料描绘出的两组对称人面鱼纹。人的头顶有又高又尖的发髻和装饰物，脑门的右半部分被涂黑，左半部分为黑色半弧形。在人面的两个耳朵和嘴巴位置都有两条小鱼，看起来好像是一种人和鱼结合的奇怪生物。考古学家认为这是远古时期人类用来祭祀或举办其他宗教活动的器具，因此图案才会奇幻无比。

在 1971 年，在内蒙古的翁牛特旗三星塔拉出土了一件新石器时代后期红山文化的玉龙，其高度为 26 厘米。玉龙由一整块墨绿色的岫岩玉雕琢而成。红山玉龙的发现，不仅让中国人找到了龙的源头，这是"中华民族是龙的传人"的最佳证明，也充分印证了中国玉文化的源远流长，因此红山玉龙有"中华第一龙"的美誉。

精雕细琢的玉龙的重心位置有一个小孔，用绳子吊起来可以保持很好的平衡，这说明当时玉器的制造工艺水平很高。据考古学家猜测，红山玉龙可能是用于祭祀的礼器。

在 1939 年出土于河南省安阳市武馆村的后母戊鼎，高度为 133 厘米，口长为 112 厘米，口宽为 79.2 厘米，是商周时期青铜文化的代表作，也是国博的镇馆之宝。

作为一件青铜器，后母戊鼎相当厚重，鼎上篆刻着云雷纹，两个竖起的"耳朵"上装饰着鱼纹，腹部和四只"脚"上装饰着一种叫作"饕餮"的动物。

后母戊鼎重达 832.84 千克，是目前已知中国古代最重的青铜器。

"后母戊鼎"是整体铸造的，说明商代后期的青铜技艺不仅规模宏大，而且细致精确。

这尊昂首挺立的骆驼俑，出土于 1957 年的陕西省西安市鲜于庭海墓。一只生动形象的骆驼，背上驮着 5 个汉、胡成年男子。中间的一个胡人在跳舞，其余 4 人围坐演奏。

在唐朝开元、天宝年间，因为胡人和汉族的民族融合，社会上流行着"胡部新声"的风气，这是一种新式舞乐。这尊骆驼俑就是当时社会风貌的体现。

"唐三彩"是什么呢？其实是盛行于唐朝的一种低温釉陶器，全名为唐代三彩釉陶器，釉彩有黄、绿、白、褐、蓝、黑等色彩，三彩是通称，并不限于三种颜色。

唐三彩骆驼载乐俑为研究唐朝雕塑艺术、音乐、舞蹈、人物提供了宝贵资料，它既是唐朝文化艺术、制作工艺发达昌盛的重要物证，也见证了丝绸之路上的交流与融合，一看到它，我们就能在脑海里想象出，唐朝时各国有才之士相聚长安，互相交流学习的繁荣盛况。

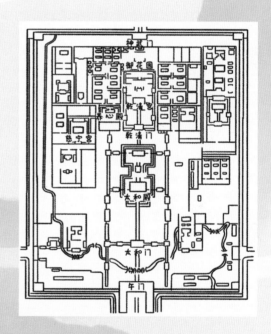

这是 1956 年在北京市昌平区定陵出土的一顶凤冠，人们经常叫它"三龙二凤冠"。

冠框用细竹丝编制，然后髹漆。冠通体嵌各色珠宝点翠如意云片。前部饰三条金龙，其下为点翠双凤，口衔珠滴。整个凤冠的龙、凤、云、花，形象生动，色泽瑰丽。

这顶凤冠的主人，正是明神宗万历皇帝朱翊钧的皇贵妃——王恭妃，到她孙子明熹宗朱由校登基后，被追封为孝靖皇后。

小贴士

成立于 1925 年的北京故宫博物院，建造在明清两朝皇宫——紫禁城的基础上。历经六百年兴衰荣辱，曾经的帝王宫殿成了世界第五大博物馆。

院藏文物涵盖古今、精良精致，有许多无价之宝。它是中华民族的骄傲，也是全人类最珍贵的文化艺术遗产。其现有藏品总量已达 180 余万件（套）。

第四章 地下的宝藏

生命之源——水

如果没有了水，人们就会渴死；如果没有了水，地球就会干裂；如果没有了水，动物就会消失；如果没有了水，这个美丽的世界将不复存在。

水是人体赖以维持基本生命活动的必要物质，人们对水的需要仅次于氧气。一个人几天不吃饭，不会饿死，但一个人要是几天不喝水，就很可能失去生命。人类文明的出现和发展，无一不是围绕着世界著名河流进行的。例如，古埃及文明就随着尼罗河的兴衰而兴衰，中华文明也随着黄河、长江的奔腾而诞生、繁荣。

尽管我们的地球覆盖着大量的海水，但能为人类利用的水资源并不足以让我们随意挥霍，因为我们喝的是淡水，动植物需要的也是淡水。地球的淡水资源只占地球总水量的百分之二点几。那么，淡水的来源分为哪几种呢？

地表水

地表水是指地球表面的河流、湖泊、淡水湿地。地表水由经年累月自然的降水和下雪累积而成，它们会流向海洋、蒸发或直接渗到地下。

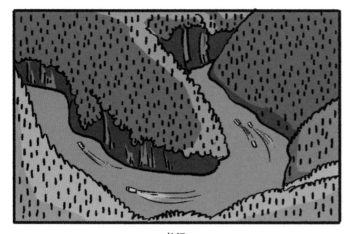

长江

长江发源于"世界屋脊"——青藏高原的唐古拉山脉各拉丹冬峰西南侧，是亚洲最长的河流，全长约为6300千米，仅次于非洲的尼罗河和南美洲的亚马孙河，居世界第三位。

苏必利尔湖是世界上面积最大的淡水湖。该湖为美国和加拿大共有，总面积约为8.2万平方千米。

苏必利尔湖

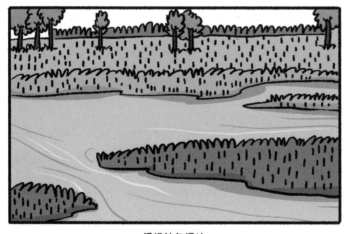

潘塔纳尔湿地

潘塔纳尔湿地是世界上最大的湿地，这里不仅有世界上最大的植物群，还栖息着成千上万种动物。

地下水

地下水位于地下土壤、沙子和岩石的裂缝中。人类种植农作物要依靠地下水，饮用水也要依靠地下水，可以说地下水资源是地球最宝贵的资源。

现在，地球的人口正在不断攀升，但水资源十分紧缺。随着人类工业化进程的加快，日益严重的水污染也造成了水资源的短缺。污水中的微生物、病毒等会传播传染病，而世界上仍然有很大一部分人喝不到安全卫生的水，每天都有人因为喝了被污染的水而生病或死亡。

海水占据了地球总水量的 95% 以上。如果我们能将海水淡化，那么就能得到充足的淡水资源。下图是位于山东滨州的"挺进深蓝"海水淡化工程车间的模拟图。

我国是一个严重干旱缺水的国家。

我国是世界上人口众多的国家之一，14 多亿人每天的耗水总量十分惊人，仅 2020 年，全国用水总量就达到了 5812.9 亿立方米。在祖国的西北地区，由于地理环境和气候的影响，降水稀少，这些地区的地表水和地下水资源都很稀缺。

在我国中北部地区，有一片广阔的黄土高原。它横亘在陕西省、山西省、甘肃省、青海省、宁夏回族自治区等地区。风沙、尘土、荒原，黄土高原上的一些地区长期以来严重缺水、水土流失，黄色干涸的土地是人们对黄土高原的第一印象。"这片广袤的土地已经被水流剥蚀得沟壑纵横、支离破碎、四分五裂，像老年人的一张粗糙的脸。"作家路遥曾在其著作《平凡的世界》里对黄土高原有过这样的描述。

祖国并没有放弃这片中华文明的发祥地，几十年的时间里，治沙、种树、扶贫，无数人前赴后继地耕种着这片土地，这里发生了翻天覆地的变化。在 1999 年之前，黄土高原的植被覆盖率大约是 31.6%。在 2019 年，黄土高原的植被覆盖率达到了约 63.6%，比 1999 年翻了一倍还多。

库布齐沙漠，是我国第七大沙漠，位于内蒙古鄂尔多斯北部。经过几十年的治理，库布齐沙漠林草综合植被覆盖率达到 53%，森林覆盖率达到 15.7%，开创了"绿进沙退"，大漠变绿洲的世界奇迹。

在库布齐沙漠周边和毛乌素、浑善达克、科尔沁沙地上，到处可见各种材料做成的"四方格子"。这就是用来固沙的沙障，利用树枝、秸秆等材料在流动沙丘上扎设成方格状的挡风墙，以削弱风力的侵蚀，被统称为"风墙"，在国外被誉为"中国魔方"。

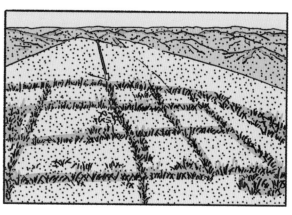

生活中离不开的石油

石油是一种近乎黑色的黏稠液体，它是一种非常重要的能源。

石油大多分布在地壳上层部分，是一种不可再生资源。石油主要被用来作为燃油，也是许多化学工业产品，如溶液、化肥、杀虫剂和塑料等的主要原料之一。

我们平常称呼的石油一般指原油，它被称为"工业的血液"，是现代工业生产中不可替代的燃料。

大部分交通工具和机械的发动机的燃料都是石油。

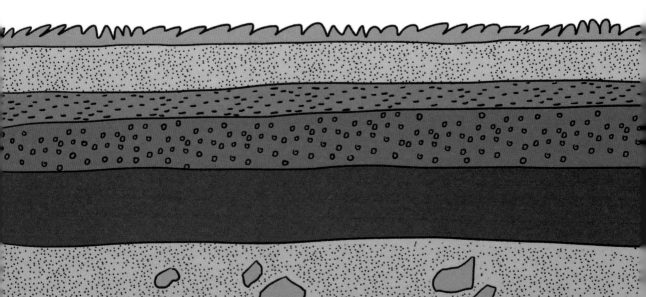

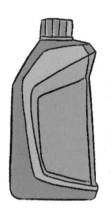 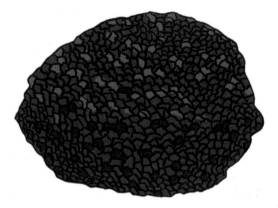 

润滑油的原料之一也是石油。润滑油是用来减少机件之间的摩擦的，可以保护和延长它们的使用寿命。

沥青是常见的铺路材料，它还可以被当作防腐防水涂料等。沥青的原料之一也是石油。

合成橡胶具有高弹性，耐高温、低温等性能，被广泛应用于工农业、交通及生活中。我们的生活中随处可见的橡胶鞋、体育用具、轮胎、电缆等物品中，都能找到合成橡胶的身影，而石油就是制作这类物品的原料之一。

石油是如何生成的呢？

据研究，石油的生成至少需要200万年的时间。在现今已发现的油藏中，时间最长的可达到几亿年。目前大多数人相信这种理论：在地球不断演化的漫长历史过程中，有一些"特殊"时期，大量动植物死亡后，其身体里的有机物质被不断分解，与泥沙或碳酸盐矿物等物质混合成沉积物。由于沉积物不断地堆积加厚，导致温度和压力上升，沉积物变为沉积岩，特别是在沉积盆地中，为石油的生成提供了基本的地质环境。持以上这种理论的学者认为石油属于生物沉积变油，不可再生；不过也有一些学者认为石油是由地壳内本身的碳生成的，与生物无关，可再生。

你认为石油是如何生成的呢？

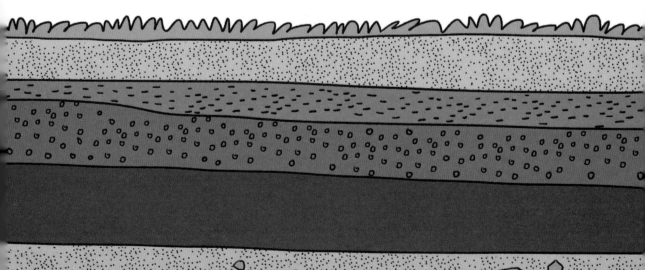

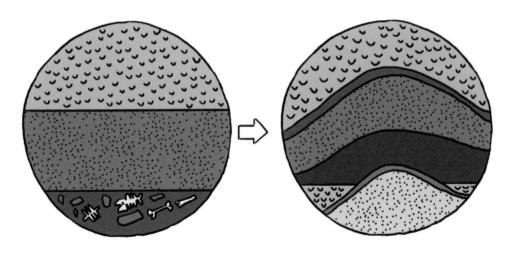

目前，人们只能通过探测地下的储油构造，来寻找石油可能出现的地点。地下石油存储在一种由水、油、天然气分层的"储油构造"独特地质环境中。寻找石油，其实就是在寻找这种独特的地质构造。这就需要通过科学的手段判断岩层密度、磁性、弹性和电性。比如，在海上探测时，工程师通过重力勘探、磁法勘探、地震勘探、电法勘探等一系列方法，来确定海底储油构造的大致位置。

如何开采海底石油？

海上油气开采特别复杂，需要特殊的设备——钻井平台。人们把几根钢柱插进水里，在海面上架一个平台，来防止海浪的冲击。由于钢柱的长度有限，所以石油开采受到很大的限制。如今，开采石油的技术飞快发展，可以在海底直接放置开采石油的井口，既降低了开采成本，又能大幅度提高石油开采的安全性。

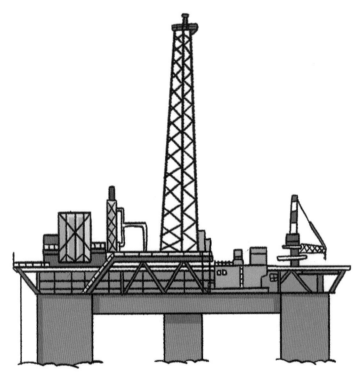

中国的石油资源分布主要集中在渤海湾、松辽、塔里木、鄂尔多斯、准噶尔、珠江口、柴达木和东海陆架八大盆地。

大庆油田位于黑龙江省西部。大庆油田在1959年被发现，是中华人民共和国成立以来，我国发现的最大的油田。对实现中国石油自给自足起到了决定性作用。

胜利油田是我国第二大油田，位于山东省。在1961年4月16日，华八井见油了！这是华北地区第一口见油井。华八井的出油粉碎了"中国华北无油论"，开启了华北石油勘探的新纪元，标志着胜利油田的发现，宣告了渤海湾油区的诞生。

在1976年，华北油田诞生了，它不仅凭借独一无二的"古潜山"油田身份蜚声海内外，日产上千吨的"千吨井"接连放喷，单井产量之高，也令地质学家、石油专家喜出望外。

克拉玛依油田是中华人民共和国成立后于1955年发现的第一个大油田。克拉玛依油田位于新疆准噶尔盆地西北缘，"克拉玛依"系维吾尔语"黑油"的意思，克拉玛依市是世界上唯一以石油命名的城市。在市区东北角有一座"沥青丘"，这里像山泉一样流出的不是水，而是黑色的油。当地人把这里叫作"黑油山"。

大庆油田

胜利油田

华北油田

克拉玛依油田

我国是世界上最早发现和利用石油的国家之一。东汉的班固所著《汉书》中记载了"高奴有洧水可燃"。高奴在陕西省延长县附近，洧水是延河的支流。"水上有肥，可接取用之"（见北魏郦道元的《水经注》）。这里的"肥"指的就是石油。

天然气是指自然界中天然存在的一切气体，包括大气圈、水圈和岩石圈中各种自然过程形成的气体。

我们经常提到的"天然气"，实际上是指天然蕴藏于地层中的烃类和非烃类气体的混合物。

在石油勘探的过程中，天然气往往会伴随着产生。天然气是较为安全的燃气之一，一旦泄漏，会立即向上扩散，不易积聚形成爆炸性气体，安全性很高。使用天然气，就能减少煤和石油的用量，还能大大改善环境污染问题。现在天然气已经走进了千家万户，成为家庭生活中必不可少的能源啦。

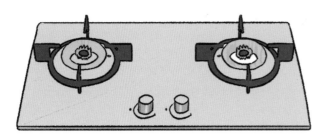

我国陆上第一口油井位于陕西省延长县城西的石油希望小学操场，前身为"延长石油官厂"，创建于 1905 年，是中国陆上开发最早的油田。此井的出油，结束了我国陆上不产石油的历史。

位于新疆塔里木盆地的亚洲陆上第一深井——轮探 1 井，钻井深度达到了 8882 米，超过了珠穆朗玛峰的海拔高度。

什么是 OPEC 组织？

"不在沉默中爆发，就在沉默中灭亡。"——鲁迅先生《纪念刘和珍君》。

在过去很长的时间里，以美国为首的西方国家，利用自身的综合国力，控制了石油的价格。世界上的主要石油原产国，虽然拥有大量的自然资源，但经济仍旧欠发达，依旧较贫困。在这种情况下，OPEC 组织应运而生。

OPEC 是石油输出国组织的简称，它是亚非拉石油生产国为协调成员国石油政策，反对西方石油垄断资本的剥削和控制而建立的国际组织。它的宗旨是：协调和统一成员国石油政策，维持国际石油市场价格稳定，反对西方国家的剥削与掠夺，确保石油生产国获得稳定收入。

在 1960 年成立时，OPEC 一共有伊朗、伊拉克、委内瑞拉、沙特阿拉伯、科威特 5 个创始成员国。后来不断有国家退出或加入。

曾经辉煌的矿藏——煤炭

在大自然里，有一种植物被称为蕨类植物。它们颜色翠绿，小小的叶片一个一个地生长在茎上，组成更大的叶片。一些蕨类植物的芽还可以食用，它们直直地立在叶片丛中，顶端像一个卷儿，味道好极了。

别看蕨类植物现在是地球上最常见的植物，它们可拥有古老的历史。在生命的进化和发展史上，蕨类植物是一个奇迹。蕨类植物是最早登上陆地的植物类群，也是恐龙时代许多植食恐龙的主要食物，如今，跟它同时代的恐龙都已灭绝，而它存活到了现在。

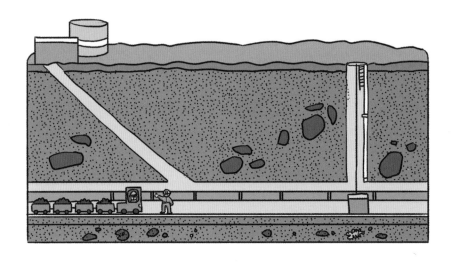

那么，蕨类植物和煤炭的生成有什么关系呢？

煤炭的生成历经千百万年。植物死亡之后，根、茎、叶在地面不断堆积，形成一层厚厚的腐殖质，再经过地壳运动不断地被埋入地下，在地底高温高压的作用下，经过一系列变化，逐渐形成了黑色可燃沉积岩，这就是煤炭的生成过程。

桫椤是与恐龙一个时代的蕨类植物，被许多国家列为一级保护濒危植物。桫椤曾是地球上最繁盛的植物，我们现在也称桫椤为"活化石"。

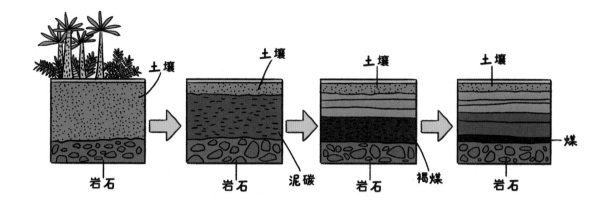

地球上一共有三大成煤期，第一个时期是古生代的石炭纪和二叠纪，第二个时期是中生代的侏罗纪和白垩纪，第三个时期为新生代的古近纪和新近纪。

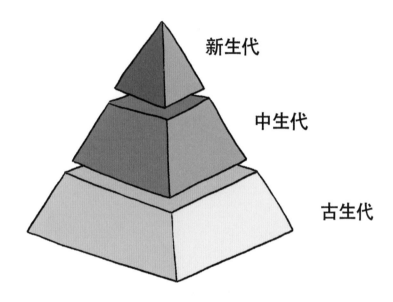

石炭纪和二叠纪：成煤植物主要是孢子植物，蕨类植物就是其中一种。它们主要形成的是烟煤和无烟煤。

侏罗纪和白垩纪：成煤植物主要为裸子植物，一些蕨类属于裸子植物，现代生存的裸子植物包括银杏、松杉等。它们主要形成的是褐煤和烟煤。

古近纪和新近纪：成煤植物主要为被子植物，现代生存的被子植物包括数不胜数的花卉、果树等。它们主要形成的是褐煤。

烟煤颜色更黑，含煤量更高，燃烧时有大量浓烟，燃烧热值大于褐煤。

褐煤是煤化程度最低的矿产煤，褐煤已成为我国主要使用的煤。

煤炭的用途十分广泛，可以作为动力煤、炼焦煤、煤化工用煤。

动力煤的主要用途为发电、生产建材、工业锅炉用煤、生活用煤等。

火力发电：利用可燃物在燃烧时产生的热能，通过发电动力装置转换成电能的一种发电方式。煤炭是我国火力发电的主要原料。

炼焦煤主要是用来炼焦炭的，那么焦炭是用来干吗的呢？它是用来炼钢铁的。

中国煤炭资源丰富，是世界上少数几个以煤炭为主要能源的国家之一，煤炭资源主要分布在内蒙古自治区、山西省、陕西省、宁夏回族自治区、甘肃省、河南省等几个地区。

煤炭为什么能燃烧？这跟煤炭的化学成分有关系。煤中有机质是复杂的高分子有机化合物，主要由碳、氢、氧、氮、硫和磷等元素组成，所以煤炭可以燃烧。

煤炭在生成过程中会混合许多杂质，因此煤炭在开采、运输和使用时，剔除杂质就成了首要目标。这个过程要用到巨型的专业设备，以及大量的运输汽车，所以煤矿应运而生。

在过去的很长时间里，煤炭的开采都缺乏科学的方式，所以造成了一些煤矿开采事故和环境污染问题。随着科学技术的进步，以及环保意识的增强，我国的采煤行业开启了更科学、更专业、更安全、更环保的新时代。

我国是世界上发现和使用煤炭最早的国家之一，在古籍《山海经》中，人们就将煤炭称为"石涅"。

首饰里的地下矿产——黄金

中国的成语，许多都与黄金有关，比如纸醉金迷，就是形容让人沉迷的奢侈繁华环境；日进斗金则用来形容发大财。这足以说明自古以来黄金都是财富、地位的象征。

的确，物以稀为贵。和铁、铜、铅、锌相比，金在地壳中的含量极低。

黄金是人类最早认识的金属之一，在几千年前的夏朝，古人就已经学会制作金箔、金丝、金砖等装饰物品。

在 1977 年，北京市平谷区刘家河商朝墓里出土了一对长为 3.5 厘米，宽为 2 厘米，重达 6.7 克的金耳坠。

黄金颜色绚丽，光彩耀人，化学性质稳定，不易氧化生锈，始终保持着灿烂美丽的金黄光泽，古往今来，引诱无数人去追寻。

黄金有极好的延展性，一克重的纯金，可以拉成直径只有 0.004 毫米，长度为 3.5 千米的金丝。一盎司（一小两）黄金可做成面积大约为 27.8 平方米的金箔，而其厚度在 0.001~0.01 毫米之间。

西汉中山靖王刘胜夫妇，有一件极为奢华的金缕玉衣，2498 块玉片用极细的金丝相连，这件玉衣的金丝重约 1100 克，可见当时的技术已经达到了很高的水平。

从古至今，发生战乱时，往往物价飞涨，物品就会贬值，比如今日的 10 元钱能买一块猪肉，到了明日可能就只能买一个馒头。但黄金是公认的硬通货。世界的任何地方，任何时期，黄金依旧价值高昂。这是为什么呢？

首先，作为一种矿产，黄金的总量是有限的。其次，黄金的化学性质稳定，不易与其他物质发生反应，所以即使时间过去很久，黄金的形状、质量也不会发生变化，这也是商朝出土的黄金耳坠仍旧崭新熠熠的原因。同时，黄金的软硬度合适，它可以按照人类的喜好被塑造成各种形式。当今世界，许多国家的货币在国际交易中不被认可，那么怎么办呢？人们只有拿出黄金或将自己国家的货币兑换成美元、人民币等世界通用货币，才能与其他国家进行经济贸易。

黄金的拥有量代表国家的经济实力；其用作首饰也自古为人们所喜爱；此外，黄金还被广泛应用于高新技术中，如电子、电气、化工、太空和国防工业，是许多工业不可或缺的材料。

黄金的早期开发都是砂金矿，即到河沙里去淘金。唐朝诗人刘禹锡在《浪淘沙》中描绘了淘金盛世 "日照澄洲江雾开，淘金女伴满江隈" 的诗句。淘金热主要开始于黄河流域。

19 世纪，美国的加利福尼亚州掀起了淘金热，大量的人口从东部来到荒凉的西部，想在这里找到财富的密码。

到战国时期，人们发现了岩金矿，就是蕴藏在岩石里的金矿，并总结出了找矿标志。战国《管子·地数》一书中写道："上有丹沙者，其下有钰金；上有慈石者，其下有铜金。"是说上有丹砂（就是辰砂矿）下面就有黄金，上有磁石（即磁性矿物）下面就有铜金。

首饰里的地下矿产——白银

白银，对中国人来说是一种特殊的矿产。在封建时期，它不仅作为饰品为世人喜爱，更重要的是，它是一种流通货币，民国之后，白银的这一特殊性质才逐渐被纸币代替。

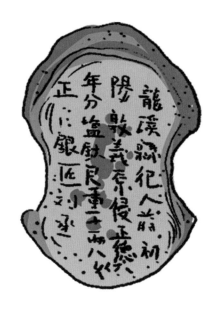

这件银锭长 11.6 厘米，宽 7.5 厘米，厚度为 4.1 厘米，是元宝的形状，它的边很薄，背部布满了蜂窝状的排气孔。底部刻着："龙溪县犯人蒋初阳敦义原侵正德八年分盐钞艮重十一两八分正银匠刘丞"。这枚银锭铸于明朝 1513 年。

春秋战国时期，有人就在使用白银。但那时的白银和黄金一样，主要是作为饰品来使用的。

唐宋以后，人们就把白银用作货币大量使用；元代之后，人们就把白银作为主要货币，银锭"元宝"出现了；到了明朝，银币就成了市场上流通的正式货币；而到了清朝，元宝、碎银和银元一起，成为法定货币。

黔宝银元

黔宝银元是清朝流通的银元，直径为 4 厘米，重 24.17 克。正面刻着"黔宝"两个字；背面刻着"光绪十六年贵州官炉造"，造于光绪十六年（1890 年）。

18 世纪的荷兰银元，直径为 3.5 厘米，重 16.1 克。这枚荷兰银元是机器铸造的，正面中间为武士挥剑骑马奔驰图、皇冠和盾，周边环绕一圈荷兰文；背面中间是两只狮子托举着皇冠、盾，周边也是一圈荷兰文，并有银币铸造年份。

荷兰银元

英属东印度公司银元

英属东印度公司银元，铸造于清朝时期，直径为 3.1 厘米，重 11.55 克。正面中间为维多利亚女王头像，上方刻着英文"VICTORIA QUEEN"；背面交叉花环组成的圆形内上部是"一卢比"的英文，下部是"一卢比"的阿拉伯文，花环外是"东印度公司"的英文及铸造年份。

我们在看古装电视剧时，经常看到古人用银筷子试毒，这是什么原理呢？

古人常用砒霜做毒药，而由于当时的技术限制，砒霜中会混有大量的硫或硫化物。白银与硫会产生化学反应，生成黑色的硫化银沉淀，这就是白银可以试毒的原理。不过，银针试毒只能检测食物中有没有放混入硫化物的砒霜，其他毒物，银针就无能为力了。

白银之所以被称为白银，是因为它是一种银白色的金属，在特定的条件下，甚至能反光，照出物体大致的轮廓。所以作为一种工艺饰品，白银在古今中外都深受人们的青睐。除此之外，白银在许多行业都有重要的用途。比如电子、电器是用银量最大的行业，而我们使用的感光材料中也要适当加入白银。

　　白银还深受我国许多少数民族的喜爱，苗族、侗族、彝族、白族、畲族都有属于自己风格的银饰文化。其中最著名的当属苗银了，他们把全副的身家打造成各种各样的银饰披戴在身上。他们把银饰的制作工艺发挥到了极致，精湛无比。他们只爱纯粹的银，不接受黄金、珠宝等其他材料来与之搭配。

　　苗族银饰的品种样式之多堪称世界之最，仅贵州的苗族银饰，就至少包括头饰、手饰、身饰、衣帽饰四大类 40 余个品种，如耳环、项链、项圈、手镯、银羽、银雀、银铃、银牌、银锁、银冠、银蝴蝶、银披肩、围腰链、钗牙签、长簪银绳等。

首饰里的地下矿产——钻石

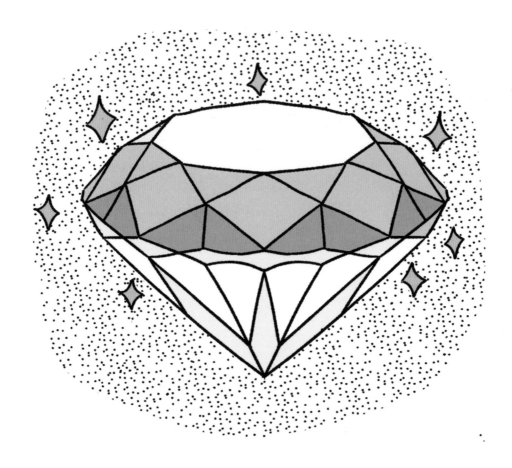

大家都知道，钻石是宝石之王。其实，钻石是一种稀有的矿物。

钻石是在地球深部高压、高温条件下形成的一种由碳元素组成的单质晶体。它的化学成分是碳，是唯一一种由单一元素组成的宝石。它的成分与我们常见的煤和铅笔芯的成分基本相同。不同的是，钻石是一种晶体，这些晶体有些是八面体，有些是菱形十二面体，有些是四面体，有些是六面体。有时钻石的原石（金刚石）中含有微量的杂质元素，会出现粉、绿、蓝、金黄、紫和黑等颜色，这就是各色钻石的由来。

钻石在天然矿物中，硬度是最高的，所以人们在切割玻璃时，就会用到钻石。

克拉，是钻石的质量单位，一克拉等于 0.2 克。

你知道目前发现的世界上最大的钻石晶体有多重吗？有 3106 克拉，也就是一斤二两多。它是 1905 年 1 月 21 日，在南非比勒陀利亚城被发现的，名叫"库里南"，它被切割加工成 9 颗大钻和 98 颗小钻，其中 4 颗大钻被装饰在英国女王的皇冠上，象征着权势和尊贵。

钻石的净度是指钻石视觉上的洁净程度，它的分级很严苛，根据内含瑕疵的位置、大小和数量等来划分。钻石的净度会直接影响它的价格，越是接近无瑕的钻石，价格就越昂贵。

钻石的矿物学名是金刚石。你想知道金刚石是从哪里来的吗？金刚石存在于几种岩石里：金伯利岩、钾镁煌斑岩、金刚石矿。

火山喷发后，金伯利岩和钾镁煌斑岩会被带到地球表面。经过长年的日晒雨淋，岩石慢慢地风化了，上部的金刚石就从岩石里剥离出来，顺着水流来到了平坦的河床上，所以我们有时候能在河床上寻找到钻石。

世界各地都发现了金刚石矿，澳大利亚、南非、俄罗斯、博茨瓦纳都是著名的金刚石产地。

我国的金刚石矿很少，只在山东省、湖南省、辽宁省等地有产出。

天然钻石的价格昂贵，其数量稀少是原因之一。随着科学技术的进步，钻石也能被人工制造了。20世纪50年代人造钻石首次成功合成，经过科学家的改良，现在生产出的人造钻石在外观上和天然钻石相差无几。

地球上的地热资源

地球的内部是热的，越往地球的内部走越热。我们生活的地表是地球内部散热的地方，这种"热"也是一种能源，叫作"地热能"。

全球的地热资源巨大，但其分布极不均匀，这和地球的地质构造、岩浆活动有关。世界上的五大地热带有环太平洋地热带、大西洋中脊地热带、地中海及喜马拉雅地热带、中亚地热带，以及红海、亚丁湾与东非裂谷地热带。

地热资源是一种十分宝贵的综合性矿产资源，它是一种清洁能源，对环境没有影响，而且用途广、功能多，可供发电、采暖等。

高温地热一般存在于地质活动强的板块的边界，这些地区的火山、地震活动频繁，比如冰岛、日本、新西兰这些国家，以及我国的西藏自治区、云南省、台湾省等地区，都是著名的地热资源丰富地区。

在欧洲西北角的大洋深处，有一个建造在海岛之上的国家——冰岛共和国，简称冰岛。冰岛远离欧洲大陆，靠近北极圈。极高的纬度使得冰岛国土约八分之一都被巨大的冰川覆盖，可是它却比其他同纬度的国家气温高，在其首都雷克雅未克，1月份的平均气温比我国的东北地区还要高不少呢。

这是为什么呢？原来在这个以冰雪为伴的国度，蕴藏着一种与严寒截然相反的特殊"能量"——地热。假如没有地热，冰岛人将无法度过寒冷的冬季。在冬季，他们用热水融化自己家里停车场的地面积雪。

发达国家已经能很好地利用地热了，但我国对地热的勘探和开发还有很长的一段路要走，比如在我国北方，冬季，家家户户都要取暖，大多采用天然气取暖或电取暖的方式。而云南省、福建省这些地热资源丰富的省份，冬季如春。怎样才能把这份"温暖"输送到北方呢？

近年来，我国的地热工作逐步取得成果。例如在藏南、滇西和川西地区，分布着许多处高温温泉。利用这些高温温泉进行发电，是我国开发利用地热的重要方式之一。

冰岛第二大地热发电厂——奈斯亚威里尔地热发电厂

作为我国地热资源蕴含量最大的省区，自20世纪70年代起，西藏自治区开始有序地开发地热资源，并在羊八井镇拉开了中国利用浅层地热资源发电的序幕。羊八井地热田于1991年完成建设，装机容量为25.18兆瓦；在1996年以前，其发电量占拉萨电网发电量的60%以上；截至2020年5月，其累计发电量达34.25亿千瓦时，同时利用发电尾水可为羊八井镇扶贫搬迁安置点、温泉度假村提供热水。羊八井地热田为西藏自治区的社会经济发展和环境保护做出了积极贡献。

在我国中西部的农村地区，当地农民利用地热资源，有效地开展了蔬菜和花卉的温室种植、水产养殖、禽类孵化等产业，为当地的经济增长做出了重要贡献。

由于地热水具有较高的温度，还含有特殊的化学成分、气体成分等，一些地热地区形成了丰厚的矿泥，许多疗养院都将这些矿泥纳入养生项目中。

温泉，是人们最直观地感受地热的形式。自古至今，温泉之地大多是度假观光胜地。

唐华清宫，后也称"华清池"，曾经是唐朝封建帝王游幸的别宫。它背靠骊山，唐朝诗人白居易曾在《骊宫高》中写道："高高骊山上有宫，朱楼紫殿三四重。"华清池初名为汤泉宫，这是因为华清池是一座温泉宫，深受唐朝皇帝及后妃的喜爱。

腾冲市是云南省的著名旅游城市，它与缅甸相邻，温泉群多达 80 余处，腾冲热海中的温泉最高水温达 102℃以上。这里是我国地热资源最丰富的地区之一，是地热疗养的最佳之地，不仅森林广布，还是少数民族聚集地，可以让人们体验各类民族风情。

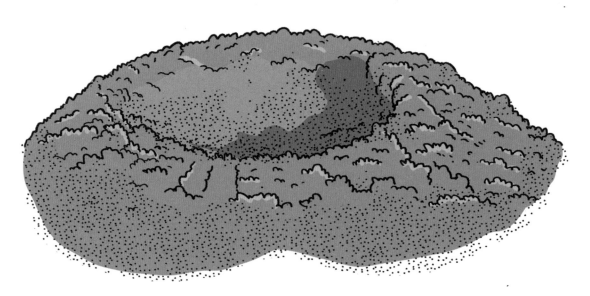

腾冲火山群国家地质公园

世界地热大会成立于 1970 年，由国际地热协会主办，是全球各国交流地热最新研究成果、商讨地热利用的重要平台。
第一届世界地热大会于 1995 年在意大利佛罗伦萨举办，至 2021 年已分别在佛罗伦萨、盛冈、安塔利亚、巴厘岛、奥克兰、雷克雅未克举办了六届。

第五章 人类在地下的创造

房屋的地基

挖掘机正在挖掘地基

如果仔细观察，就会发现我们吃饭用的碗的底部，有一个底，它托举着整个碗。在制作时，匠人们以这个底为基础，再往上塑形，最终呈现出碗的模样。

如同碗的底一样，每一座建筑物都需要支撑的基础，这就是地基。

建筑物的地基是指建筑物下面的土壤或岩石。土壤地基分为好几种，比如碎石土、砂土、黏性土，等等。

地基有天然地基和人工地基两类。天然地基是不需要人加固的天然土层。人工地基需要人加固处理，如加入砂石垫层、混合灰土垫层等。

我们在观察建筑物时，虽然看不见也摸不着地基，但它确实是保证建筑物坚固、防震、持久的关键，可以说如果地基建得不稳，则再高级的建筑物也存在安全隐患。

也许你会说，建造地基非常简单，只需要在地上挖坑，再往里面填埋水泥、钢筋就行了。其实，地基的设计是非常复杂的，不同的建筑物对地基的要求不同，即便同样的建筑物，不同的地质条件对地基的要求也不同。

小贴士

什么是合格的地基呢？合格的地基应满足以下两个标准。
① 地基必须有足够的承载力，能够承受得住建筑物的重量。
② 地基不易变形。修建建筑物是从地基开始的，当建筑物越修越高时，地基会稍稍下沉，这种下沉必须控制在一定的范围内，绝不能变形，否则建筑物的墙体就会开裂，建筑物甚至可能倒塌。

喀斯特地貌的岩石容易被水溶蚀，地表不仅容易形成天坑、落水洞，地下水还会侵蚀、掏空地下的岩层，这给地基的建造带来了严峻的挑战。比如广西壮族自治区的桂林市就以典型的喀斯特地貌闻名于世，与其他城市相比，如果要在这里修地铁，就会复杂得多。

那么，较软的土地是不是就不能修建建筑物了呢？当然不是。中华民族是最勤劳也

桂林的喀斯特地貌

是最富有智慧的民族。既然天然地基无法使用，我们就利用人工的处理方法来改善地基。

地基换填法是将地面下一定范围内的软土层挖去，然后分层填入稳定性更强的砂、碎石、素土、灰土，以及其他无侵蚀性的材料。

地基换填法

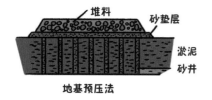

地基预压法

地基预压法是指在建筑物的软土地基上，堆足石头或稳定性强的土等重物，让软土被压实，变得更坚固。然后，达到科学的测量标准后，再将这些重物撤走，最后开发地基，修建建筑物。

在 1969 年，法国的 L. 梅纳首创了一种新的地基加固方法——强夯法。

工人将几十吨的重锤从高处落下，反复多次打击地面，用强力将土地夯实。经过这种方法夯实的地基其承载力可提高几倍。

古人没有现代工业机械，他们又是怎么建造房屋的呢？

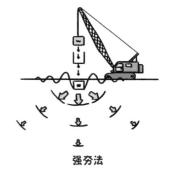

强夯法

北京故宫博物院是世界上规模最大、保存最完整的木结构宫殿建筑群，至今屹立不倒。

该博物院以天然岩石为地基。这种方法主要是利用天然岩石作为建筑物的基础，比较特殊。

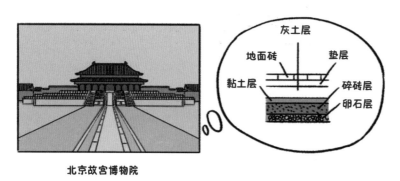

北京故宫博物院

山西省忻州市五台县的南禅寺

位于山西省忻州市五台县的南禅寺是现存最古老的唐代木构佛寺，距今已有1200多年。它的地基就是采用天然岩石打造的。

夯土地基就是将泥土压实，在我国使用这种方法建造古建筑的地基有着悠久的历史。陕西省宝鸡市的凤雏三号建筑地基遗址，就是西周时期的夯土地基遗址。

我国的古代建筑一般在地面筑成台基，建筑物被架立于台基之上。台基是建筑物下面用砖石砌成的突出的平台，是建筑物的底座。如北京天坛。

随着古代社会的发展，用夯实的土来做地基，已经不能满足建造的需要了，于是瓦碴儿地基出现了。瓦碴儿地基所用的主要材料是旧建筑物的废砖碎瓦。工匠们在瓦碴儿地基上铺一层夯土，再叠加瓦碴儿，再铺夯土，直到地基稳固，就可以修建房屋了。

北京天坛

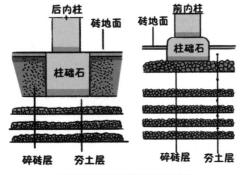

正定县隆兴寺转轮藏殿的地基

河北省石家庄市正定县隆兴寺转轮藏殿的地基是已知的较早实例。

你可能会问，古代的先辈建造房屋都是用的木头，可是木头很容易腐烂，古代建筑是如何延续几百年而安然无恙的呢？

这就不得不提古人的智慧所在，运用柱础石。柱础石也可以叫石柱础。

我们在游览古代建筑物时，会看到房屋的门前有粗壮的柱子，这些柱子顶着屋檐，而柱子的下方则是柱础石。柱础石是在柱子下面安放的基石，是承受屋柱压力的奠基石，在传统砖木结构建筑中用以负荷和防潮，对防止建筑物塌陷有着不可替代的作用。

故宫殿前的柱础石

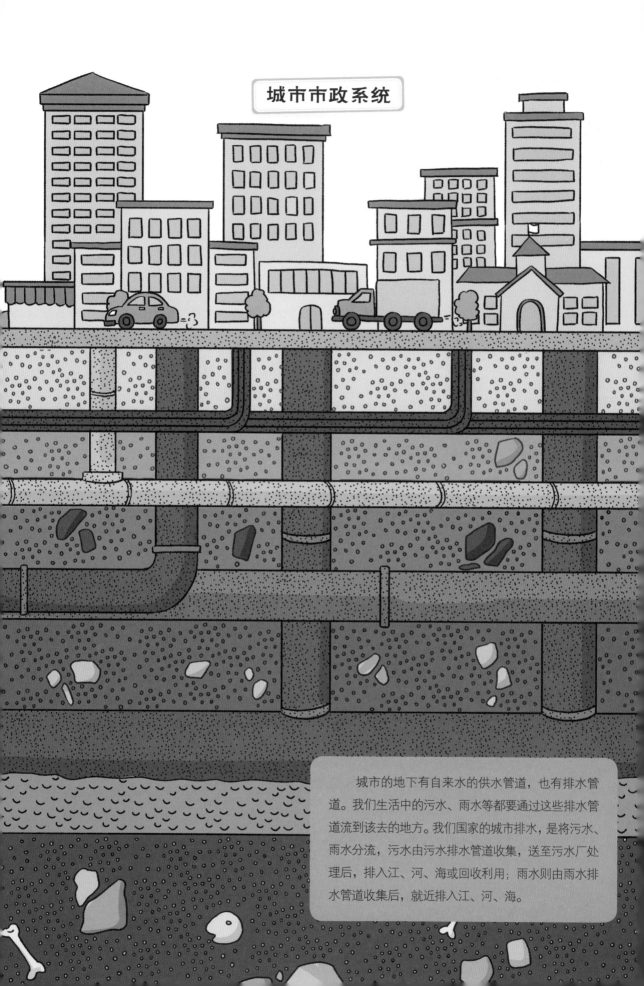

城市市政系统

城市的地下有自来水的供水管道，也有排水管道。我们生活中的污水、雨水等都要通过这些排水管道流到该去的地方。我们国家的城市排水，是将污水、雨水分流，污水由污水排水管道收集，送至污水厂处理后，排入江、河、海或回收利用；雨水则由雨水排水管道收集后，就近排入江、河、海。

在法国南部的加尔省，有一座宏伟的由石头垒成的三层拱桥——加尔桥，它是古罗马帝国时期修建的高空引水渡槽。加尔桥将水引到加尔省的省会城市尼姆，再由其他管道把水分到澡堂、喷泉和私人住宅等地方。加尔桥高约270米，高出那尔河水面50米左右。在1985年，联合国教科文组织将加尔桥作为文化遗产，列入《世界遗产名录》。

电力工程电缆埋在地下时，距离地面不得低于70厘米，如果是冻土区（指0℃以下，并含有冰的各种岩石和土壤），必须埋在冻土下。

人行道下的城市供水管道距离地面不得低于60厘米，如果管道被埋在车行道下方，则不得低于70厘米。不过城市里的居住人口多，小区内的各种管线十分复杂，具体的管道设计要依照具体情况而定。

车行道下的天然气管道，距离地面不得低于90厘米；如果管道被埋在非车行道下方，则不得低于60厘米；如果管道被埋在机动车不可能到达的地方时，不得低于30厘米；如果管道被埋在水田下方时，不得低于80厘米。

城市里有许多这样圆圆的井盖，它们是通往排水道的入口，有时地下排水出现堵塞时，工作人员就会打开井盖进行疏通。

日本的井盖图案已经成为一种文化。几乎在日本的每个城市，都能看到各种图案的下水道井盖，上面印有动物、风景、历史故事或城市特色，极富设计感。

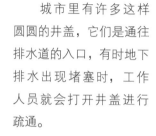

电、自来水、天然气是家庭必不可少的资源，它们通过一根又一根的地下管道，进入千家万户。这些城市地下管道是保障城市运行的重要基础设施和"生命线"。

跨越山川峡谷的隧道

隧道是被埋置于地层内的工程建筑物，是人类利用地下空间的一种形式。隧道可分为交通隧道、水工隧道、市政隧道、矿山隧道。

高速公路的建造是为了节约汽车在路上行驶的时间，而一些地区有绵延的大山，阻碍了人们的出行。山岭隧道便应运而生了。中国是世界上高速公路里程最长的国家。这些道路串联了中国东西南北、大大小小的城市。

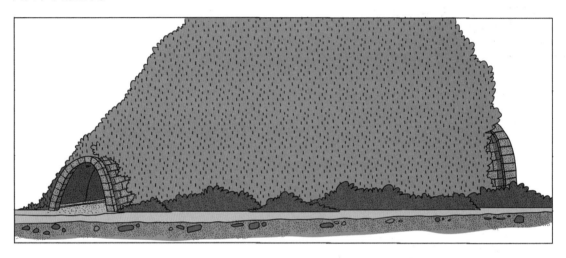

二郎山隧道，位于四川省甘孜藏族自治州泸定县，它是四川省雅安市通向康定市的高速公路中最重要的一条隧道，被称为"川藏第一隧"。二郎山隧道位于高烈度地震区，地质条件极其复杂，自然灾害非常多，隧道穿越十多条区域性断裂带。泥石流、塌方、地下水倒灌等，成为隧道修建时不得不克服的困难。

铁路隧道是国内最常见的隧道。铁路隧道和高速公路隧道一样，都是为了让火车或汽车走一条"捷径"。我们都知道，中国的高铁、动车飞速发展，高铁时速能达到 350 千米，大大缩短了人们出行的时间。这一切的便利都是依靠中国四通八达的铁路完成的。和高速公路一样，铁路的建设也要"钻山跨海"。

在 1887 年，中国在台湾省台北市至基隆市窄轨铁路上修建了中国的第一条铁路隧道——狮球岭隧道，全长约 261 米。

"中国铁路之父"詹天佑主持修建的京张铁路，是中国首条不使用外国资金及人员，中国人自行设计、建造、营运的铁路。它全长约 200 千米，于 1909 年建成，用于连接北京市与张家口市。

京张铁路的八达岭隧道是中国自行修建的第一条单线越岭铁路隧道。

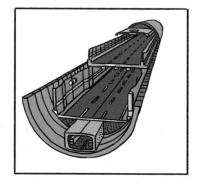

隧道黑黢黢的，里面有什么呢？

隧道整体包括主体和附属两个部分。主体就是我们看到的"洞"。而附属的部分则是洞里的消防设施、避车洞、应急通信设备和防排水设施，在一些长长的隧道里，还会有通风、照明的设备。

在 2018 年，连接香港、澳门、珠海的港珠澳大桥通车，这座世界上最长的跨海大桥，就像一条巨龙横亘在大海之上，一眼望不到头。港珠澳大桥难度最大的工程是海底公路沉管隧道，不仅要面临建造上的重重难关，还要能针对火灾等突发情况提供几近完美的处理预案。

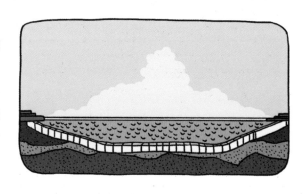

城市的命脉——地铁

地铁，顾名思义，就是地下的铁路。不过这可跟地下隧道不同哦，地铁是城市的轨道交通系统。

随着经济的发展，许多家庭都购买了小汽车，街道就变得更加拥挤。堵车影响了人们的出行，地铁可以极大地缓解交通压力。与公交车、私家车等地面交通工具相比，地铁不仅运载量大，也更便捷，它不会堵车，能够准时到达目的地。

北京地铁 1 号线是中国的第一条城市地铁，它在 1965 年就开始建设，于 1969 年竣工。

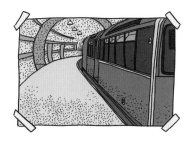

1863 年的伦敦，正在经历第一次工业革命。伦敦是当时世界上最发达、最繁华的城市。这里几乎汇聚了来自世界各地的人们，狭窄的街道已经不能满足大家工作、居住和生活的需求。这时，世界上第一条地铁诞生了——大都会地铁。由于当时的电力并没有全面覆盖，所以一开始大都会地铁以蒸汽机车作为牵引的动力。时至今日，这条地铁仍在使用。

地铁一般会建在地下 10~30 米之间，为什么呢？因为地铁是地下的交通工具，如果发生意外，需要方便人流通行到地面，所以不能将地铁修建到很深的地下。当然啦，世界各地的地质条件不同，经济条件也不同，地铁的规划也因此不同。比如日本的东京，十几条地铁从城市底下贯穿而过，上下交错，最深的车站大江户线的六本木站距离地面足足有 42.3 米。

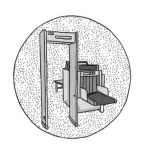

乘坐火车、飞机离不开安检，地铁也是一样的。我们乘坐地铁前，需要将自己的大包小包都放在安检仪里扫描，经过专业机器扫描没问题之后，大家就可以放心乘坐地铁啦。

地铁、高铁、飞机是公共场所，我们每个人都需要规范自己的行为，不能影响别人。在 2020 年 12 月 1 日，上海市实施了《上海市轨道交通乘客守则》，明确了乘客不能将电子设备的声音外放。昆明市、贵阳市、兰州市等许多城市也推出了相同的禁令。

同时，我们更要注意，不能在地铁里打闹、嬉戏，这样既不安全，也会打扰到别人。让我们文明乘坐地铁吧！

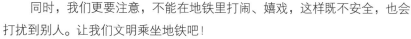

海洋的地下有什么

从太空鸟瞰，地球就是一个蓝色的"水球"，浩瀚的海洋占据了地球表面积的 70% 以上。人们不禁在想：陆地的地下资源面临枯竭，海洋的下面会不会有无尽的财富呢？

答案是肯定的，地球不像宇宙中的气态行星，它的内核由固态的岩石构成，海洋的深处仍旧是陆地。在远古时代有些陆地因为地壳运动沉在了水下，成为我们现在看到的景象。木星和土星是太阳系里著名的"气球"。

那么，海洋的下面到底有什么呢？

石油和天然气

众所周知，石油和天然气是不可再生的能源，用完就没有了。可是石油和天然气的用途却非常广泛，从工业到日常生活，人类生活的方方面面几乎离不开石油和天然气。

随着陆地上石油、天然气越来越匮乏，人们把目光瞄向了大海的深处。

人们很早就开始了探寻深海能源的旅途，并取得了巨大的成果。目前，科学家得出结论——在全世界各个大陆的边缘海底，有成百上千个富含石油和天然气的盆地。

波斯湾、墨西哥湾、中国的南沙群岛、北欧的北海，是世界上海洋石油分布最广的区域。

大洋锰结核

听到"结核"两个字,你是不是有点儿害怕呢?没错,对人类来说,结核往往是指身体发生的病变,但对海洋来说,"结核"可是一种深海矿产呢。

锰结核是铁、锰氧化物的结合体,是深海的独特资源。它的颜色是黑色或褐黑色的,看起来像一个个小石头,大小不一地铺在海底。根据科学家的估计,全世界的锰结核总量可能有3万多吨。不仅如此,与石油这种不可再生资源不同的是,锰结核是会"长大"的,它是一种可再生的矿产。不过它的生长速度非常缓慢。

一部分科学家认为,锰结核是陆地的岩石被洋流带到了海洋沉淀之后演变而来的;有的科学家认为锰结核是来自火山喷发的岩浆,这些岩浆在与海水接触的过程中,铁、锰等金属不断积攒。还有一些科学家认为,锰结核是由海洋的浮游生物死亡的尸体演变而成的,或者是宇宙尘埃分解而成的。你认为锰结核是怎么来的呢?

锰结核有什么作用呢?它的作用可大了。它的铁、锰元素含量非常高,此外还富含镍、铜、钴、钛等多种元素。

我国从20世纪70年代起,就开始了对锰结核的勘探。在1978年,我国的"向阳红05号"获得了巨大的成功——在太平洋4000多米深的海底第一次捞获锰结核。

我们都知道，深不可测的海底压力非常大，海水深度每增加 10 米，水压约增加一个大气压。人类能潜入海底的深度和时间都很有限，靠人类自己是无法到达富含能源的海底的。那么该如何观察、勘探、开发这些能源呢？深海载人潜水器应运而生。

"蛟龙号"是我国自行设计、研制的载人潜水器，是海底的"宇宙飞船"，它可以前往 7000 米深的海底呢！

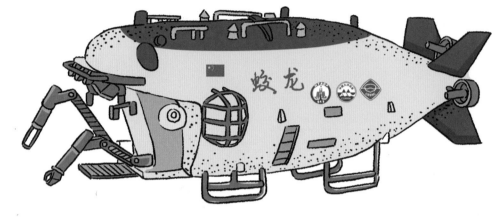

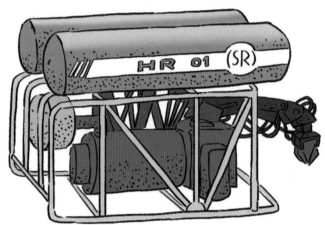

在 1983 年，我国研制出第一台远程遥控潜水器——"海人一号"，它能下潜 200 米。

我国自主研制的"海斗一号"无人自主潜水器，打破了多项无人潜水器的世界纪录，包括最大下潜深度达到了 10 000 多米，海底连续作业时间超过 8 小时，近海底航行距离超过了 14 千米，填补了我国全海深无人无缆潜水器 AUV（无缆自主）技术与装备的空白。

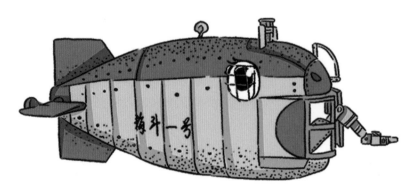